工学结合·基于工作过程导向的项目化创新系列教材
国家示范性高等职业教育机电类"十三五"规划教材

液压系统故障诊断与维修

Yeya Xitong Guzhang Zhenduan yu Weixiu

▲ 主　编　陆全龙

华中科技大学出版社
http://www.hustp.com
中国·武汉

内 容 简 介

本书共分8章：第1章液压系统故障诊断概述，第2章常用液压元件的原理、使用及修理，第3章新型液压元件介绍，第4章液压系统的故障类型，第5章液压系统故障诊断方法与实例，第6章设备维护及润滑，第7章液压系统设计技巧及实例，第8章液力传动及常见故障排除。本书以液压系统故障诊断及实例分析为主，同时介绍了多路换向阀、插装阀、旋转斜盘式柱塞泵、斜轴式柱塞泵控制及维修、比例阀、伺服比例阀、大扭矩马达和液力传动等。

本书注重结合实际，有现场应急的液压系统故障诊断维修和设备管理知识，内容通俗易懂，便于广大技术人员快速掌握液压故障诊断技术的主要方法。

本书可供广大从事液压技术的工程技术人员参考阅读，也可作为大专院校相关专业学生和教师学习参考。

图书在版编目(CIP)数据

液压系统故障诊断与维修/陆全龙主编.—武汉：华中科技大学出版社,2016.1
ISBN 978-7-5680-0165-6

Ⅰ.①液… Ⅱ.①陆… Ⅲ.①液压系统-故障诊断 ②液压系统-维修 Ⅳ.①TH137

中国版本图书馆 CIP 数据核字(2014)第 118678 号

液压系统故障诊断与维修   陆全龙   主编
Yeya Xitong Guzhang Zhenduan Yu Weixiu

策划编辑：张　毅
责任编辑：刘　静
封面设计：原色设计
责任校对：马燕红
责任监印：张正林
出版发行：华中科技大学出版社(中国·武汉)
　　　　　武昌喻家山　　邮编：430074　　电话：(027)81321913
录　　排：武汉市洪山区佳年华文印部
印　　刷：武汉市籍缘印刷厂
开　　本：787mm×1092mm　1/16
印　　张：13.5
字　　数：362千字
版　　次：2016年1月第1版第1次印刷
定　　价：35.00元

为了适应现代制造和液压控制技术快速发展的要求,推动我国制造技术和现代液压技术的更新和进步,提高企业液压设备人员的技术水平,不断降低维修费用,确保生产高效运行,推进绿色液压系统发展,编写了本书,以供液压技术维修培训和其他工程技术人员参考。

液压故障是指液压元件或系统丧失了规定功能的状态。处理液压故障时,必须先诊断出故障位置,然后才能修理,没有诊断,就没有修理。

由于液压故障具有隐蔽性、交错性、随机性、差异性的特点,加上许多液压系统复杂和种类繁多,因此,液压故障诊断比较困难,本书介绍了液压故障诊断和减少故障产生的方法技巧。

本书共分8章,第1章液压系统故障诊断概述,第2章常用液压元件的原理、使用及修理,第3章新型液压元件介绍,第4章液压系统的故障类型,第5章液压系统故障诊断方法与实例,第6章设备维护及润滑,第7章液压系统设计技巧及实例,第8章液力传动及常见故障排除。

在编写过程中,得到了许多国内外厂商和同行朋友们的关心与支持,他们以各种方式提供了许多最新的资料和成果,如力士乐液压(上海)有限公司、武汉钢铁(集团)公司、阿托斯(上海)有限公司、中程新技(北京)工程技术有限公司、中国工业学会、中国液压技术培训中心、中国机械工程学会、北京华德液压有限公司、榆次液压有限公司、北京科技大学、科达液压机械有限公司等单位,在此深表谢意。

本书结合实际、深入浅出、有详有略、观点明确,主要介绍了液压系统维护使用及在线监测技术、故障诊断10种方法和维修技术,同时介绍了多路换向阀、插装阀、旋转斜盘式柱塞泵、斜轴式柱塞泵控制及维修、比例阀、伺服比例阀、大扭矩马达和液力传动等新技术,内容丰富多彩。

编　者
2016 年元月

目录 MULU

第1章
液压系统故障诊断概述

◀ **本模块学习内容**

　　本章主要介绍在线监测、故障诊断及维修的有关基本概念,设备点检的概念及其十二个环节,故障诊断的先进技术或方法。

1.1 在线监测与故障诊断概述

　　为了适应 21 世纪的现代化大生产和科学技术的不断进步,为了提高生产效率和产品质量,机电设备正朝着大型、高速、精密、连续运转及结构复杂的方向发展。由此,设备发生故障的潜在可能性和方式也在相应地增加,并且设备一旦发生故障,就可能造成严重的甚至是灾难性的后果。液压系统在线监测与故障诊断技术的宗旨就是运用当代一切科技的新成就发现设备的故障隐患,以期对设备事故防患于未然。如今,液压系统在线监测与故障诊断技术已是现代化设备维修技术的重要组成部分,并且成了设备维修管理工作现代化的一个重要标志。

　　在线监测是指在生产线上对机电设备的运行状态进行信号采集、分析诊断、显示、报警和保护性处理的全过程。它主要包括监测、诊断(识别)和预测三个方面的内容,是了解和掌握设备运行状态的重要手段。在线监测采用各种检测、测量、监视、分析和判别方法,结合设备的历史和现状,考虑环境因素,对运行状态做出评估,并为进一步分析设备运行状态提供依据。

　　故障诊断的功能是指根据检测、分析、状态监测所得的信息,结合已知的结构特性和参数、环境条件及运行历史,对故障进行预报和分析、判断,确定故障的性质、类别、程度、原因、部位,指出故障发生的严重性和发展的趋势。

　　在线监测和故障诊断技术对保证设备工作精度、提高产品质量,保证设备运行安全、防止突发事故,实施状态维修(或预防维修)、节约维修费用,以及避免设备事故带来的环境污染和其他危害均起到重要作用。因此,在生产中运用现代设备在线监测和故障诊断技术,可给企业带来巨大的经济效益。

一、在线监测

1. 在线监测技术及其发展趋势

　　在线监测技术可以有效地提高设备运行的可靠性与安全性。在线监测将传统的定期维护提升为按需维护与预测维护,是保障机电设备安全、稳定、长周期、满负荷、高性能、高精度、低成本运行的重要措施。

　　在线监测技术以现代科学理论中的系统论、控制论、可靠性理论、失效理论、信息论等为理论基础,以包括传感器在内的仪表设备、计算机、人工智能为技术手段,并综合考虑各对象的特殊规律及客观要求,对机电设备的运行状态进行信号采集、分析诊断、显示、报警和保护性处理。因此,它具有先进性、应用性、复杂性和综合性的特点。

　　在线监测技术的主要发展趋势如下。

　　(1)在线监测系统向着高可靠性、智能化、开放性及与设备融为一体的方向发展;在线监测技术从单纯的监测、分析、诊断向着主动控制的方向发展。

　　(2)在线监测系统中的采集器向着高精度、高速度、高集成度及多通道的方向发展。其精度从 4 位向着 12 位甚至 16 位发展,采集速度从几赫向着几万赫的方向发展;采集器内插件将有所减少,并且从通用电子元件的组装向着专用芯片 ASIC 的方向发展。

（3）采集的数据从只有稳态数据向着包括瞬态数据在内的多种数据的方向发展。

（4）通道数量从单通道向着多通道的方向发展，信号类型从单个类型向着多种类型（包括转速、振动、位移、温度、压力、流量、速度、开关量及加速度等）方向发展。

（5）数据的传输从串行口、并行口通信向着网络通信（可达 10 兆波特、100 兆波特甚至几百兆波特）的方向发展。

（6）监测系统向着对用户友好的方向发展。其显示将更加直观化，操作更加方便化，并且将采用多媒体技术实现大屏幕动态立体显示。

（7）分析系统向着多功能的方向发展。分析系统将不仅能分析单组数据，还可分析开、停机等多组数据。

（8）诊断系统向着智能化诊断多种故障的方向发展，由在线采集和离线诊断向着在线采集和实时诊断的方向发展。

（9）数据存储向着大容量、大型数据库的方向发展。

（10）诊断与监测的方式向着基于 Internet 的远程诊断与监测的方向发展。

2. 在线监测的主要对象、重点部位与对在线监测系统的基本要求

1）在线监测的主要对象

（1）对生产影响最大的关键设备。

对生产影响最大的关键设备包括对工艺、产品质量要求十分严格的设备、连续运行的设备、单一生产流程中的设备、没有备用的设备及中间产品储量最少的设备等。

（2）隐含危险的设备。

隐含危险的设备包括在高温或高压或高电压下工作的设备、装有高速或大惯性运动部件的设备、处理危险或有毒介质的设备等。

（3）有严格的安全性要求的设备。

有严格的安全性要求的设备包括故障发生可能引起爆炸、造成灾难的设备等。

2）在线监测的重点部位

在线监测的重点部位包括对机器的可靠性影响最大的薄弱环节、负荷繁重且不可缺少的装置、数据表明寿命最短的零部件、对整台设备起安全保护作用的装置、环境恶劣致使人员难以接近的部位等。

3）对在线监测系统的基本要求

（1）实用性。

系统硬件配置和软件设计应方便、实用，严格按照国家标准，使系统满足生产需求，用户界面友好、操作方便。

（2）先进性。

系统应采用先进的现场总线技术、OPC Server 网络数据采集技术、标准的布线技术、先进的 Internet 技术等。

（3）可靠性。

层次式分布结构监测系统应具有更高的可靠性，即在任一单元发生故障的情况下，诊断系统其他部分不受影响，正常运行。另外，还应考虑生产现场的环境恶劣，采用高抗干扰性的措施。

（4）可扩展性。

系统应具有可扩展和自我开发性能，能适应相关技术的发展和软件的升级换代。同时，系统还应提供与其他系统互联的良好接口。

（5）安全性。

系统应采用完备的模拟量/数字量隔离（如三端隔离）技术、正确的信号接地措施、系统的冗余技术，以确保整个系统的电气安全性。

（6）经济性。

在满足监测与诊断要求的前提下，系统应尽可能地节省投资。

3. 在线监测系统的组成

在线监测系统一般由以下四个部分组成。

1）数据采集部分

数据采集部分包括各种传感器、适调放大器、A/D 转换器，以及存储器等。其主要任务是信号采集、信号预处理和数据检验。其中，信号预处理包括电平变换、放大、滤波、疵点剔除和零均值化处理等；数据检验一般包括平稳性检验和正态性检验等。

2）监测、分析与诊断部分

监测、分析与诊断部分由计算机硬件和软件组成。状态监测的主要任务是借助各种信号处理方法对采集的数据进行加工处理，并对设备运行状态进行判别和分类，在超限分析、统计分析、时序分析、趋势分析、谱分析、轴心轨迹分析和启停机工况分析等的基础上，给出诊断结论，进而指出故障发生的原因、部位，并给出故障处理对策或措施。

3）结果输出与报警部分

结果输出与报警部分将监测、分析和诊断所得的结果和图形通过屏幕显示、打印等方式输出。当监测特征值超过报警值时，结果输出和报警部分可通过特定的色彩、灯光或声音等进行报警，有时还可进行停机连锁控制。另外，结果输出也包括机组日常报表输出和状态报告输出等。

4）数据传输与通信部分

一般的监测系统利用内部总线或通用接口（如 RS232C 接口、GPIB 接口）来实现部件之间或设备之间的数据传递和信息交换，而复杂的多机系统或分布式集散系统往往需要利用数据网络来进行数据传递与交换。对于远程诊断，系统显然还要依赖 Internet 网络。

4. 液压设备在线监测系统的作用与监测对象

液压设备在线监测系统的作用是对主要工作元件实时地进行监测，预测液压设备状态变化趋势，对潜在故障进行预报，防止意外事故发生，保证其正常工作。

液压设备在线监测系统的主要监测对象与内容是系统的以下主要工作参数。

（1）压力、压差。

监测液压泵进油口、出油口、重要管道内及执行机构进油口、出油口的压力（或压差），可以对液压设备失压、压力不可调、压力波动与不稳等与压力相关的故障进行监视。

（2）流量。

流量可以反映系统容积效率的变化，而容积效率的变化反映了液压设备内元件的磨损与泄漏情况。一般来说，液压设备在线监测系统所监测的是重要元件的流量。

（3）温度。

液压设备温度的异常升高往往意味着其内出现了故障。采用在线监测系统对液压设备的温度进行监测，可以为判断液压设备内泄漏增加、冷却器故障或效率降低、执行机构运动速度降低或出现爬行导致溢流量增加等故障提供参考,即可从温度方面判别液压设备的运行状态。

（4）泄漏量。

泄漏量的大小直接反映了元件的磨损情况及密封性能的好坏。一般来说,对液压泵和液压马达泄漏量的监测比较容易实现。

（5）系统的振动、噪声、油液污染程度、伺服元件的工作电流与颤振信号、电磁阀的通电状况等有密切关系。

一般来说,应根据系统的应用场合、信号采集的难易程度和资金的多少等,来合理确定被监测量,应尽可能多地选取被监测量,以便全面、充分地了解液压设备工作情况。

二、故障诊断概述

1. 故障及其特性

1) 故障

故障是指设备或零部件丧失了规定功能的状态。它包含以下两层含义。

（1）机电系统偏离正常功能。

机电系统偏离正常功能的主要原因是机电设备的工作条件不正常。这类故障通过参数调节或零部件修复即可消除,设备随之恢复正常功能。

（2）功能失效。

设备连续偏离正常功能,并且偏离程度不断加剧,使机电设备基本功能不能保证,这种情况称为失效。一般情况下,零件失效可以通过更换零件解决,关键零件失效则往往导致整机功能丧失。

研究故障的目的是要查明故障模式,追寻故障机理,探求减少故障的方法,提高机电设备的可靠性和有效利用率。

2) 故障的特性

故障特性包括以下三点。

（1）不同的对象在同一时间将有不同的故障状况。

例如:在一条自动化生产线上,当某单机的故障造成整条自动线系统功能丧失时,表现出的故障状态是自动线故障;但在机群式布局的车间里,就不能认为,某单机的故障是造成全车间故障的原因。

（2）故障状况是针对规定功能而言的。

例如:同一状态的车床,进给丝杠的损坏对加工螺纹而言是发生了故障;但对加工端面来说却不算发生故障,因为这两种加工所需车床的功能项目不同。

（3）故障状况应达到一定的程度。

故障状况应从定量的角度来估计功能丧失的严重性。

2. 故障的分类

机电设备的故障可以从不同角度进行分类。对故障进行分类的目的是估计故障事件的影响程度,分析故障的原因,以便更好地针对不同的故障形式采取相应的对策。

1) 按故障性质分类

（1）间歇性故障。

间歇性故障是指设备只是在短期内丧失某些功能的故障。它多半由机电设备的外部原因如工人误操作、气候变化、环境设施不良等因素引起,在外部干扰消失或对设备稍加修理调试后,设备的功能即可恢复。

（2）永久性故障。

永久性故障是指出现后必须经人工修理才能恢复设备的功能,否则一直存在的故障。这类故障一般是由某些零部件的损坏引起的。

2）按故障程度分类

（1）局部性故障。

局部性故障,即局部功能失效,是指机电设备的某一部分存在的故障。它使这一部分功能不能实现,但其他部分功能仍可实现。

（2）整体性故障。

整体性故障,即整体功能失效的故障。设备某一部分出现故障,也可能使设备整体功能不能实现。

3）按故障形成速度分类

（1）突发性故障。

突发性故障的发生具有偶然性和突发性,它一般与设备使用时间无关,而且发生前无明显征兆,通过早期试验或测试很难预测。此种故障一般是工艺系统本身的不利因素和偶然的外界影响因素共同作用的结果。

（2）缓变性故障。

缓变性故障往往在机电设备有效寿命的后期缓慢出现,其发生的概率与使用时间有关,能够通过早期试验或测试进行预测。此种故障通常是因零部件的腐蚀、磨损、疲劳及老化等的发展形成的。

4）按故障形成的原因分类

（1）操作管理失误形成的故障。

操作管理失误形成的故障多是由人为因素引起的,如机电设备未按原设计规定条件使用,形成设备错用等。

（2）机器内在原因形成的故障。

机器内在原因形成的故障一般是由于机器设计、制造遗留下的缺陷（如残余应力、局部薄弱环节等）或材料内部潜在的缺陷造成的。此种故障无法预测,是突发性故障的重要原因。

（3）自然故障。

自然故障是指受到外部或内部多种自然因素影响而引起的故障。磨损、断裂、腐蚀、变形、蠕变、老化等损坏形式均属于自然故障。

5）按故障造成的后果分类

（1）致命故障。

致命故障是指危及或导致人身伤亡、引起机电设备报废或造成重大经济损失的故障。如机架或机体断离、车轮脱落和发动机总成报废等。

（2）严重故障。

严重故障是指严重影响机电设备正常使用,在较短时间内无法排除的故障。如发动机烧瓦、曲轴断裂、箱体裂纹和齿轮损坏等。

（3）一般故障。

一般故障是指影响机电设备正常使用,但在较短的时间内可以排除的故障。如传动带断裂、操纵手柄损坏、钣金件开裂或开焊、电器开关损坏、轻微渗漏和一般紧固件松动等。

6) 按故障率分类

如前所述,大多数故障出现的时间和频率与机电设备的使用时间有很大的关系。工程实践经验和实验表明,机电设备的故障按故障率可分为以下六种。

(1) 经典型故障。

经典型故障是最常见一种故障。发生经典型故障的机电设备,其故障率随时间的推移呈如图 1-1 所示故障率浴盆曲线变化。设备维修期内的设备故障状态分为早期故障期、随机故障期和耗损故障期三个时期。

① 早期故障期。

早期故障期内故障率较高,但故障随设备工作时间的增加而迅速下降。

早期故障一般是由机电设备设计、制造上的缺陷等原因引起的,因此设备进行大修或改造后,早期故障期会再次出现。

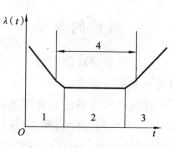

图 1-1 故障率浴盆曲线
1—早期故障期;2—随机故障期;
3—耗损故障期;4—有效寿命

② 随机故障期。

随机故障期内故障率低而稳定,近似为常数。随机故障是由于偶然因素引起的,它不可预测,也不能通过延长磨合期来消除。机电设备设计上的缺陷、零部件缺陷、维护不良及操作不当等都会造成随机故障。

③ 耗损故障期。

耗损故障期内故障率随运转时间的增加而增大。耗损故障是由于设备零部件的磨耗疲劳、老化、腐蚀等造成的。这类故障是设备接近大修期或寿命末期的征兆。

(2) 早发型(负指数型)故障。

设备早期故障率较高,随设备工作时间的推移,经运转、磨合、调整、掌握,设备故障逐渐降低。

(3) 常发型(常数型)故障。

随机设备故障率较小,基本是一个常数。

(4) 渐进型(正指数型)故障。

早期故障率较低,随设备工作时间的推移,由于磨损、腐蚀、疲劳等原因,设备故障逐渐增多。

(5) 突发型故障。

突发型故障是指偶尔突然产生的故障。

(6) 失败型故障。

失败型故障是指设备生产出来就因故障多不能完成任务的情况,比较少见。

除上述分类方式外,故障还有一些比较常见的分类方式。例如:故障按其表现形式还可分为功能故障和潜在故障,按形成的时间还可分为早期故障、随时间变化而变化的故障和随机故障,按其程度和形成的快慢还可分为破坏性故障和渐衰失效性故障,等等。

1.2 维修概述

一、维修的含义

机电设备是现代企业生产的主要工具,是创造物质财富的重要手段。国民经济的各行各业都离不开机电设备。

任何机电设备的寿命都不可能是无限的。有些零部件在使用过程中,经过一定周期的运行和工作,因磨损、腐蚀、刮伤、氧化、老化、变形等众多原因,以及其他人为因素而发生失效,出现故障,造成事故。对于有备件的机电设备,可通过更换零部件消除故障;对于无备件的机电设备,特别是进口件,则需要依靠维修来消除故障。

在现代企业中,机电设备故障造成的停产损失占其生产成本的30%~40%,未来的设备维修市场竞争必然会更激烈,国内生产企业只有立足自身的资源优势,做好充分的准备工作,才能在激烈的市场中得到健康发展。

维修是为了保持或恢复机电设备完成规定功能的能力而采取的技术管理措施。它具有随机性、原位性、应急性,包含维护和修理两个方面的含义。

1) 维护

维护是对机电设备进行清扫、检查、清洗、润滑、紧固、调整和防腐等一系列工作的总称,又称为保养。维护是按事前规定的计划或相应的技术条件规定进行的,目的是及时发现和处理机电设备在运行中出现的异常现象,减缓其性能退化,降低其故障率。维护是保证机电设备正常运行、延长其使用寿命的重要手段。

维护有时也称为预防性维修,通常按维护工作的深度和广度分成等级。我国企业多数采用三级保养制,即日常保养、一级保养和二级保养。

2) 修理

修理是指机电设备出现故障或技术状况劣化到某一临界状态时,为恢复其规定的技术性能和完好的工作状态而进行的一切技术工作。由于修理往往以检查结果作为依据,在修理时又与检查相结合,因此修理又称为检修。修理是恢复机电设备性能、保证其正常运行、延长其物质寿命的主要手段。

修理按功用不同分为恢复性修理和改善性修理两类。通常所说的修理指的就是恢复性修理。改善性修理是结合修理对机电设备中故障率较高的部位,从结构、参数、材质和制造工艺等方面进行改进或改装,使其故障率降低或不再发生故障的工作。

以最少的消耗、最少的经济代价、最少的时间、最少的资源、最高的修复率,使机电设备经常处于完好状态,提高其可用性,保持、恢复和提高其可靠性,降低其劣化速度,延长其使用寿命,保障其使用过程中的安全性和满足环境保护要求,是维修的目标与作用。

二、维修的重要性

在激烈的市场竞争中,维修作为现代企业增强生产力和竞争力的有力手段,其地位日益明显和提高。在经济全球化趋势不断增强、产业结构改革步伐频繁加快、国际竞争更加剧烈的今天和明天,维修更是企业生存、发展、扩大再生产和更新机电设备的一种投资选择方式。如今,维修业成为实施绿色再制造工程的重要技术措施。

维修的意义体现在两个方面:一方面,搞好维修可以延长零部件的使用寿命,维持生产,提高效能,节约资源、能源资金和外汇;另一方面,对于很多报废的机电设备,通过利用高新技术对其进行维修改造,还可实现其再生、再利用。

在激烈的市场竞争中,特别是我国加入 WTO 之后,如何科学地管好、用好、修好、养好机电设备,不仅是保持持续生产的必要条件,而且对提高企业效益,保持国民经济持续、稳定、协调发展有着极为重要的意义。

由于机电设备结构的日趋复杂,可用性和可靠性要求的日益增强,多样化、现代化、自动化和综合化程度的不断提高,维修成为机电设备在使用过程中必不可少的新兴领域。面对融合了现代科学技术的机、电、液、气、光的机电设备,如何进一步更新维修观念,研究维修理论,发展维修技术,优质、高效、低成本、安全地完成维修任务,已成为摆在广大工程技术人员面前的重要课题。

维修与投资、生产力、可用率、完好率、安全、提高产品质量和增加数量、延长寿命、提供改进产品设计信息、节约材料和能源、售后服务、环境保护等各个方面都有着密切关系。它已从缺乏系统理论的简单的操作技艺,发展成为一门建立在现代科学技术基础上的新兴学科,即从技艺走向科学,维修从分散的、定性的、经验的阶段,进入到系统的、定量的、科学的阶段,现代维修理论已经应运而生,现代维修技术正在不断发展。

三、维修的方式

维修的方式归纳起来包括事后维修、预防维修(包括视情维修、状态维修和定期维修)、改善维修、维修预防等四种。

1) 事后维修

事后维修适用于一般设备。对于一些生产效率不高,或对生产并无直接影响,或有了故障能替换而又易于维修的一般设备,考虑到经济性,可安排在发生故障后对其进行修理。

2) 预防维修

预防维修是指按规定的周期和方法对关键、重要设备进行预防性检查,确定后续零件更换的时间,在故障发生前,有计划地安排设备停机予以更换修理,使生产停机最少,损失也最少的维修。

预防维修特别适用于高自动化、高技术、结构复杂的现代化设备。它可以有效地减少设备的停机时间,实现以最小的维修投入和经济损失获取最大的效益。

3) 改善维修

改善维修是指为防止设备劣化,使其迟缓损坏,或为使日常维护、点检、修理更容易,而对设备的一些结构进行改造或改进,以提高设备效率、减少重复故障、延长机件使用寿命、降低费用的维修。改善维修适用于费用高、故障多、维修难的设备。

4) 维修预防

维修预防适用于有可能、有必要实行无维修设计的设备。

从一种维修方式过渡到另一种维修方式,需要一个渐进的过程。生产企业优先过渡到维修预防,这是因为维修预防是生产维修制的核心和最高目标,通过不断改进设计,可以把可能出现的故障和性能低下消灭在萌芽状态。

四、维修的步骤

（1）学习设备图纸资料，了解设备的使用情况。

（2）熟悉设备的组成、原理和特点。

（3）使用有关工具仪器，用相应的故障诊断技术诊断出故障部位，分析故障产生的原因。

（4）用有关修复技术对设备进行修理或更换有关零件，恢复设备性能。

（5）进行空载加载调试。

（6）检验、验收并交付使用。

五、维修创新与表面工程技术

将原样修复变为超过原始性能的维修称为改进性维修。将被动修复变为把制造与维修纳入机电设备及零部件的设计、制造和运行的全过程，形成了以优质、高效、节能、节材、低污染为目标的系统工程。传统的维修技术不断吸收信息、材料、能源及管理等领域的现代成果，衍生出新的研究领域，迅速地改变着传统维修业的面貌。

同时，由于环保意识的增强，人们"用后丢弃"的观念正向着"再制造"的观念转变。在再制造中，大量采用各种先进的表面工程技术，它不仅有效地补偿了因磨损或腐蚀等而失效的机电零部件，使其恢复如新，翻新如初，而且提高了其耐高温、耐磨损、抗疲劳、耐腐蚀、防辐射，以及导电、导磁等各种性能，在恢复其使用的基础上延长了其使用寿命，节约了费用。表面工程技术是机电设备维修创新和现代化改装的重要手段，为新一代产品的设计与制造积累了经验。

表面工程技术是一门新兴的综合性交叉学科，它与机电设备维修相互依存、相互渗透。

1.3 设备点检管理

一、点检的概念

点检，全称为设备点检管理制，是指对设备某些部位进行预防性检查的一种设备管理方法。

点检是指按规定的周期和方法对一些关键、重要设备进行预防性检查确定后续零件更换的时间，在故障发生前，找出设备的隐患和潜在缺陷，有计划地安排设备停机予以更换修理，使生产停机最少、损失也最少的一种设备管理方法。

点检人员对设备进行点检（预防性检查），能够准确掌握设备技术状况，实行有效的计划维修，维持和改善设备工作性能，预防事故发生，延长机件寿命，减少停机时间，提高设备工作效率，保障正常生产，降低维修费用。

设备点检管理制要求点检、运行、维修三者按照分工协议，共同对设备的正常使用负责。在点检、运行、维修三者之间，设备点检管理制明确表明点检员处于核心地位，是设备维修的责任者、组织者和管理者。负有设备点检和设备管理职能的点检员应对其辖区内的设备负有全权责任。

设备点检是在引进日本"全员生产维修"(TPM)设备维修制度的基础上,按照中国国情建立的一套行之有效的设备管理制度。设备管理的基础源于点检,点检是预防维修的基础,是现代化设备管理体制的核心。

点检管理制是指推行操作者日常点检、专业点检员定期点检和专业技术人员精密点检,三者对同一台设备进行维护、诊断、修理"三位一体"的点检制度。

二、八定

1) 定点

点即点检部位。定点即科学地分析,找准设备容易发生故障和劣化的部位,确定设备的维护点及该点的点检项目和内容。

2) 定人

定人按区域、按设备、按人员素质要求,明确专业点检员。

点检作业的核心是,事先划分点检作业区,并且确定专职点检员对点检作业区内的设备进行点检。一般在一个点检作业区安排 2～4 人,实行常自班工作制。专业点检员纳入岗位编制。对专业点检员的素质要求如下。

(1) 具备一定的设备管理知识,有实践经验,会使用简易诊断仪器。

(2) 点检作业和管理、协调业务相结合。

(3) 具有一定的维修技术、组织协调技能和管理技能。

3) 定标准

定标准即按照检修技术标准的要求,确定每一个维护检查点参数(如间隙、温度、压力、振动、流量、绝缘等)的正常工作范围。

4) 定周期

定周期即制定设备的点检周期,按分工进行日常巡检、专业点检和精密点检。定周期需要在点检员经验积累的基础上不断修改完善补充,以寻求最佳点检项目及点检周期。

5) 定方法

定方法即根据不同的设备和不同的点检要求,明确点检的具体方法,如用"五感"(视、听、触、味、嗅),或用仪器、工具进行。

6) 定量

定量即在点检中把设备故障诊断和倾向性管理结合起来,将能够量化的设备运用数据进行劣化倾向的定量化管理,为设备预知维修提供依据。

7) 定作业流程

定作业流程即明确点检作业的流程,包括点检结果的处理程序。急需处理的故障隐患由点检员通知检修人员进场立即处理,无需紧急处理的隐患做好记录并纳入计划检修在定修中加以解决。它简化了设备维修管理的手续,做到了应急反应快,计划项目落实早。

8) 定记录

点检信息记录有固定的格式,为点检业务的信息传递提供原始数据,有利于做到定点记录、定标处理、定期分析、定项设计、定人改进、系统总结。

三、十二个环节

1）定点

定点即科学地确定设备维护点的数量。维护点一般包括滑动部位、转动部位、传动部位、与原材料接触部位、负荷支撑部位和易腐蚀部位等六个部位，有计划地对每个维护点进行点检，可以及时发现故障。

2）定标

定标即针对每个维护点制定点检标准。点检标准应尽可能采用量化标准，如间隙、温度、压力和流量等。

3）定人

定人即明确运行方、点检方、点检部位。

4）定期

定期即确定检查周期，即多长时间检查一次。

5）定法

定法即明确检查方法，如是用人工观察还是用工具测量。

6）定项

定项即明确维护点的检查项目。

7）检查

检查的任务是检查环境，明确点检时是否停机检查、是否解体检查。

8）记录

记录即按照规定格式详细记录信息，包括检查数据、判定、处理意见、签名及检查时间。

9）处理

在检查时间能处理和调整的，要及时进行处理和调整，并且把处理结果记入处理记录；没有能力和条件的，要及时报告有关人员，安排处理。

10）分析

分析即定期对检查记录、处理记录进行系统分析，针对故障率高的维护点提出处理意见。

11）改进

改进即根据分析结果及处理意见修订点检标准。

12）评价

评价即根据设备管理指标的变化趋势判定点检绩效。

四、点检的种类

（1）按周期和业务范围，点检分为日常点检、定期点检和精密点检三种。

日常点检由运行方在设备运行中完成，定期点检和精密点检由专职点检员完成。三者在维护保养和点检内容上的分工应按照事先制定的协议执行，以消除盲区。

（2）按其目的，点检分为倾向点检和劣化点检两种。

倾向点检是指对重点设备或已发现隐患需要加强控制的设备进行劣化倾向管理，预测劣化点的维修时间和零部件更换周期的一种点检。

劣化点检是指对性能下降的设备进行好坏程度的检查，以便判断设备的维修时间的一种点检。

（3）按设备是否解体，点检分解体点检和非解体点检。

解体点检指对设备进行解体的检查的一种点检。

非解体点检指对设备运行的现场做外观性的观察检查一种点检。

五、简化的以可靠性为中心的维修

生产企业的设备千差万别，所有设备都采用一种检修模式是不经济和不科学的。美国电力研究院（EPRI）的简化的以可靠性为中心的维修（SRCM）是对传统以可靠性为中心的维修（RCM）分析方法的改进和简化，它在优化资源配置的同时缩短了分析周期。虽然目前它正处于不断发展阶段，但是实践证明，SRCM 是一种先进、有效的维修管理办法。它的分析过程综合了设备的安全性、可靠性和历史检修成本等要素，判断各个系统和设备的关键性程度，找出对人身安全、运行可靠性和技术经济性影响最大的设备和部件，对各个设备分别推荐不同的任务，使设备在安全、稳定和可靠的条件下，减少检修工作量，适当延长检修间隔时间，降低成本。

1.4　设备故障诊断技术的发展

机械设备故障诊断常用比较法、简单仪器诊断技术、振动诊断技术、温度诊断技术、油样分析技术、无损探伤诊断技术和故障树诊断法（是一种将机电设备全部故障形成的原因由整体到局部按树状逐渐细化的分析方法）等。这些机械设备故障诊断技术可以用于液压设备故障诊断。

最新发展的维修方式是预测维修，其核心的设备故障诊断技术涉及以下六个方面：状态监视技术功能、精密诊断技术、便携和遥控点检技术、过渡状态监视技术、质量及性能监测技术、控制装置的监视技术。另外，电气设备诊断技术与仪器的研究在设备故障诊断技术的发展中越来越受重视。

依靠近代数学、网络技术的最新研究成果和各种先进的监测手段，设备故障诊断技术的发展很快。目前国际上正处于研究和开发阶段的设备故障诊断技术有以下 11 种。

一、开发智能维护系统

开发智能维护系统（IMS，intelligent maintenance system）是指采用性能衰退分析和预测分析方法，结合信息电子技术（包括互联网、非接触式通信技术、嵌入式智能电子技术），使设备达到近乎零故障的性能的一种新型维护系统。该系统将企业的设备管理、备品备件管理，以及设备信息化管理等融为一体。

二、Internet/Intranet 远程监测与诊断法

Internet/Intranet 远程监测与诊断法是指通过互联网远程诊断实现设备用户与相隔万里的设备制造厂商之间信息交流的故障诊断方法。Internet/Intranet 远程监测与诊断法可进行

数据和图像的传输,不仅可以目视,还可以做计算机图像处理,提高了故障诊断的效率和准确性,有效地减少了设备停机时间。

三、精密仪器诊断法

精密仪器诊断法采用各种专业精密仪器,对液压设备的工况参数精确地测量、诊断。有关精密仪器诊断法的内容在本书第5章做了详细介绍,此外不再赘述。

四、计算机辅助监测诊断法

计算机辅助监测诊断法是指借助计算机对机械设备进行连续的监测,以了解其运行状态,及时诊断和采取措施的故障诊断方法。

五、在线监测诊断法

在线监测诊断法也称为预测维修诊断法、主成分诊断法,是指在生产线上对机械设备运行过程及状态进行信号采集、分析、诊断、显示、报警及保护性处理的故障诊断方法。

美国宇航局的相关研究表明,在设备按故障率分成的6种故障类型中,经典型故障适用于一些复杂的设备,如发电机、汽轮机、液压气动设备及大量的通用设备,而该类设备故障率曲线表明,在整个工作期内设备的随机故障是恒定不变的。这说明对大多数设备采用以时间为基础的计划维修是无效的。

日本的研究还认为,对设备每维修一次,故障率都会相应升高,在维修后一周之内发生故障的设备占60%,此后故障率虽有所下降,但在一个月后又开始上升,总计可达80%左右。

由此可见,以时间为基础的维修对许多设备来说不仅无益,反而有害。对于结构复杂、故障发生随机性很强的现代化机电设备,就更不宜停机被动维修,应提倡预测诊断维修。

六、类比相似法

类比相似法又称为仿真法,是指参照两个不同对象的部分相似属性,推出对象其他属性可能相似的推理方法。它又分为并存类比和因果类比两种。

七、灰色系统诊断法

灰色系统诊断法是指应用灰色系统的理论对故障的征兆模式和故障模式进行识别的故障诊断方法。灰色理论认为,设备发生故障时,既有一些已知信息(称为白色信息)表征出来,也有一些未知的、非确知的信息(称为灰色信息)表征出来。灰色系统诊断法正是应用灰色关联等理论,使许多灰色信息明确化,进而完成故障诊断的方法。

八、风险诊断法

风险诊断法(RBM)主张"最好的维修就是不要维修"。它推广风险诊断维修方式。这种维修方式不仅与设备故障率及损失费用相关联,也与故障偶发率(O)、严重度(S)及可测性(D)相关。其中每个分项各有其相关参数及计算方法。基于风险的维修实践表明,严重的故障并不多见,而不严重的故障却经常发生。

九、模糊诊断法

机电设备的动态信号大多具有多样性、不确定性和模糊性,许多故障征兆用模糊概念来描述比较合理,如振动强弱、偏心严重、压力偏高、磨损严重等。同一设备或元件,在不同的工况和使用条件下,其动态参数也不尽相同,因此只能在一定范围内对其做出合理估价,即模糊分类。模糊推理方法采用 IF-THEN 形式,符合人类思维方式。

模糊诊断法利用模糊数学将各种故障和症状视为两类不同的模糊集合,用模糊关系矩阵来描述,求出症状向量隶属度,得出故障原因的多重性和主次程度。

十、人工神经网络诊断法

人工神经网络诊断法(ANN)是指利用神经科学的最新成果,对人的大脑神经元结构特征进行数学简化、抽象和模拟而建立一种非线性动力学网络系统的故障诊断方法。它具有能处理复杂多模式及进行联系、推测、容错、记忆、自适应、自学习等功能,是一种新的模式识别技术和知识处理方法,多用于数控机床故障诊断技术中。

十一、专家库网络远程诊断系统

专家库网络远程诊断系统是以大量专家的知识和推理方法求解复杂的实际问题的一种计算机程序系统。它由知识库、动态数据库、推理机、人/机接口等四个部分组成,是计算机辅助诊断的高级阶段。

第2章
常用液压元件的原理、使用及修理

◀ 本模块学习内容

　　本章主要介绍了常用液压元件液压泵、液压缸、液压阀的结构原理、使用注意事项、常见故障及排除方法，液压元件的修理、修复方法等。

2.1

常用液压元件概述

一、液压传动的基本工作原理

这里以一台简化了的磨床的工作台液压系统来说明液压传动的基本工作原理。磨床工作台液压系统基本工作原理如图 2-1 所示。

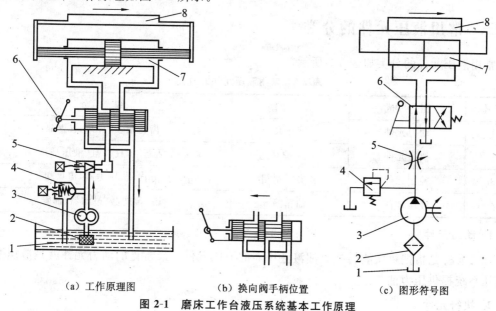

（a）工作原理图　　　（b）换向阀手柄位置　　　（c）图形符号图

图 2-1　磨床工作台液压系统基本工作原理

1—油箱；2—过滤器；3—液压泵；4—溢流阀；5—节流阀；6—换向阀；7—液压缸；8—工作台

液压泵 3 由电动机带动旋转，从油箱 1 中吸油，油液经过滤器 2 进入液压泵 3，在它从泵中输出进入压力管后，在图 2-1（a）所示的状态下，经节流阀 5 和换向阀 6 进入液压缸 7 的左腔，推动活塞连同工作台 8 向右移动。这时，液压缸 7 右腔的油液通过换向阀 6 和回油管排回油箱 1。

如果将换向阀 6 的手柄换向成图 1-1（b）所示的位置，则压力管中的油液将经过节流阀 5 和换向阀 6 进入液压缸 7 的右腔，推动活塞连同工作台 8 向左移动。这时，液压缸 7 左腔的油液经换向阀 6 和回油管排回油箱 1。

调节溢流阀（或称为调压阀）4 的调定压力，就可以调节活塞及工作台 8 的输出动力的大小；调节节流阀 5 的大小，就可以调节工作台 8 的移动速度：当节流阀的开口增大时，进入液压缸 7 的油液增多，工作台 8 的移动速度增大；反之，工作台 8 的移动速度减小。这样，就满足了工作台 8 在方向、速度、动力等方面的要求。

二、液压元件的基本参数

1. 额定压力

额定压力是指液压元件（泵）长期工作所允许的最高压力，即液压元件（泵）在正常工作时，按试验标准规定能达到厂家规定寿命(连续运转)的最高压力。

额定压力有标准系列,在产品铭牌上有表示。额定压力常分为五级,如表2-1所示。

表2-1 额定压力等级

额定压力等级	低压	中压	中高压	高压	超高压
额定压力/MPa	≤2.5	>2.5~8	>8~16	>16~32	>32

2. 公称通径

公称通径代表液压元件的通流能力的大小,对应于额定流量(L/min)。与阀的进、出油口连接的油管应与阀的公称通径相一致。液压元件工作时的实际流量应小于或等于它的额定流量,最大不得大于其额定流量的1.1倍。

三、常用液压元件的分类

常用液压元件的分类如表2-2所示。

表2-2 常用液压元件的分类

序号	组　成	元　件	细　分
1	动力元件	液压泵	齿轮泵、叶片泵、柱塞泵
2	执行元件	油缸、油马达	活塞缸、柱塞缸、液压马达
3	控制元件	各类控制阀	方向阀、压力阀、流量阀
4	液压辅件	油箱等	油箱、蓄能器、过滤器、油管等

1. 动力元件

动力元件是指把机械能转换成油液液压能的液压元件。最常见的动力元件就是液压泵,它给液压系统提供压力油。

2. 执行元件

执行元件是指把油液的液压能转换成机械能的液压元件。它可以是作直线运动的油缸,也可以是作回转运动的液压马达。

3. 控制元件

控制元件是指对液压系统中油液压力、流量或流动方向进行控制或调节的液压元件,如图2-1所示中的溢流阀、节流阀、换向阀等。这些元件的不同组合形成不同功能的液压系统。

4. 液压辅件

液压辅件是指上述三个部分以外的其他液压元件,如图2-1所示中的油箱、油管等。液压辅件对保证系统正常工作也有重要作用。

四、常见液压元件的配合间隙标准

液压元件的配合间隙标准是液压零部件维修的依据,也是油液污染度控制的主要参考数据。常见液压元件的配合间隙标准如表2-3所示。

表 2-3 常见液压元件的配合间隙标准

名 称	部 位	配合间隙/mm
中低压齿轮泵	齿顶与壳体内孔	0.05～0.10
	齿顶轴向	0.04～0.08
中高压齿轮泵	齿顶与壳体内孔	0.05～0.10
	齿顶轴向	0.03～0.05
中低压叶片泵	叶片与转子槽	0.02～0.03
	叶片与配流盘	0.01～0.03
柱塞泵	转子与配流盘	0.02～0.04
	柱塞与缸体内孔	$d\leqslant12,0.01～0.02$
		$12<d\leqslant20,0.015～0.03$
		$20<d\leqslant35,0.02～0.04$
	配流盘与缸体	0.01～0.02
中低压滑阀	阀芯与阀套	$d\leqslant28,0.008～0.03$
		$28<d\leqslant80,0.012～0.04$
高压滑阀	阀芯与阀套	$d\leqslant28,0.005～0.015$
		$28<d\leqslant80,0.009～0.03$

2.2 液压泵

液压泵按结构形式分为齿轮式液压泵(齿轮泵)、叶片式液压泵(叶片泵)和柱塞式液压泵(柱塞泵)三大类。

一、齿轮泵

1. 齿轮泵结构原理

齿轮泵由一对相同的齿轮、长短传动轴、泵体、前泵盖、后盖板和轴承组成。

齿轮的两端面分别靠前、后泵盖密封。泵体,前、后泵盖和齿轮的各个齿间槽,这三者形成左右两个密封工作腔。

如图 2-2 所示,齿轮轮齿从左侧退出啮合,露出齿间,使该工作腔(即左腔,也即吸油腔)容积增大,形成部分真空,油箱中的油液被吸进来,将齿间槽充满;随着齿轮的旋转,每个齿轮的齿间把油液从左腔带到右腔(即压油腔),轮齿在右侧进入啮合,齿间槽被对方轮齿填塞,压油腔容积减小,油压升高,压力油便源源不断地从压油腔输送到压力管路中去。这就是齿轮泵的工作原理。

这里合点处的齿面接触线一直起着分隔高、低压腔的作用,因此在齿轮泵中不需要设置专门的配流机构。

2. 齿轮泵使用与维护注意事项

齿轮泵具有工作可靠、自吸性能较好、对油液污染不敏感、维护方便等优点,是一种常用的

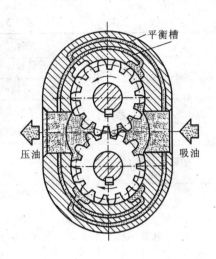

图 2-2　CB-B 型齿轮泵

1、3—前、后泵盖；2—泵体；4—压环；5—密封圈；

6—传动轴；7—主动齿轮；8—支承轴；9—从动齿轮；10—滚针轴承

a、b—泄油槽；c—卸荷槽；d、e—通油孔；f、g—困油卸荷槽；m—进油口；n—出油口

液压泵。齿轮泵工作时流量和压力脉动较大，噪声大，排量不可调节。

齿轮泵在使用与维护时需要注意以下五点。

（1）国产齿轮泵额定压力可达 10～20 MPa，可用三联、四联实现分级变量，用于拖拉机、推土机、小型油压机、液压千斤顶等设备上；国外的齿轮泵的额定压力更高，国外的齿轮泵可部分取代轴向柱塞泵，用于挖掘机和汽车起重机等。

（2）齿轮泵可以在低压状态下用作液压马达。

（3）安装好各零件后，各螺栓的拧紧力矩应相同。

（4）齿轮泵的输入轴颈与电动机输出轴的同轴度误差为 0.02～0.06 mm。

（5）齿轮泵的吸油口应安装粗过滤器，以其达 5 000 h 的设计寿命。

3. 齿轮泵常见故障及排除

齿轮泵常见故障有泵不输出油、压力提不高、输出油量不足，噪声大、压力波动严重，旋转不灵活、泵卡死。其原因分析和排除方法如表 2-4 所示。

表 2-4　齿轮泵常见故障及排除方法

故障现象	原因分析	排除方法
泵不输出油、压力提不高、输出油量不足等	电动机转向不对	纠正电动机转向
	过滤器或吸油管路堵塞	清洗过滤器、疏通管路
	端面、径向配合间隙过大	修复零件
	液体黏度过大或温升过大	调温，使液体黏度适合
	泄漏致使空气进入	紧固连接件
噪声大、压力波动严重	泵与电动机同轴度降低	调整同轴度
	液体中有空气	排除空气
	骨架油封损坏	更换油封
	过滤器或吸油管路堵塞	清洗过滤器、疏通管路
	齿轮精度太低	更换齿轮或修研齿轮

续表

故障现象	原因分析	排除方法
泵旋转不灵活、泵卡死	装配不良	重新装配
	油液中有杂质	过滤,保持油液清洁
	端面、径向间隙过小	修复磨损的零件

二、叶片泵

1. 叶片泵结构原理

根据泵每转吸压油次数不同,叶片泵可分为单作用叶片泵和双作用叶片泵两种。

1) 双作用叶片泵结构原理

与单作用叶片泵相比,双作用叶片泵流量均匀性好,转子体所受径向液压力基本平衡。双作用叶片泵一般为定量泵;单作用叶片泵一般为变量泵。

如图 2-3 所示,双作用叶片泵主要由定子、转子、叶片、壳体和两侧的左、右配流盘组成。

由定子内环、转子外圆和左、右配流盘组成的密闭工作容积被叶片分割为四部分,传动轴带动转子旋转后,叶片在离心力作用下紧贴定子内表面,因定子形似椭圆,故两部分密闭工作容积(吸油区)将增大形成真空,经吸油窗口 a 从油箱吸油,另有两部分密闭工作容积(压油区)将减小,受挤压的油液经压油窗口 b 排出。

双作用叶片泵的转子铣有 z 个叶片槽,且与定子同心,定子内表面由两段大半径 R 圆弧、两段小半径 r 圆弧和四段过渡曲线组成,形似椭圆。一定宽度的叶片在叶片槽内能自由滑动,左、右配流盘上开有对称布置的吸、压油窗口。吸油区和压油区各有两个,转子每转一周完成吸、排油

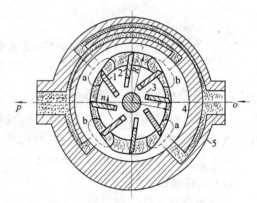

图 2-3　双作用叶片泵的工作原理图
1,2—叶片;3—转子;4—定子;
5—壳体;a,b—吸、压油窗口

各二次,所以称为双作用叶片泵。并且,作用在转子上的油液压力相互平衡,因此双作用叶片泵又称为卸荷式叶片泵。

2) 单作用叶片泵

单作用叶片泵主要由定子、转子、叶片和配流盘组成。

如图 2-4 所示为 PV7 型外控限压式单作用叶片泵的结构及工作原理图。该泵定子左边,调节柱塞 3 上作用着泵的出口油压力 p;定子右边,大柱塞 4 上作用着弹簧和控制油压力 p_F。同时,阀芯 6 也作用着泵的出口油压力 p(作用力为 $F_P = p \times A$,A 是阀芯 6 的作用面积)和限压弹簧 13 的预紧弹簧力 F_F($F_F = K \times x_0$,对应限压压力是 $p_F = F_F/A_F$),当 $F_P < F_F$ 时,阀芯 6 在左位,定子 1 处于左极限位置,偏心距 $e = e_{max}$,泵输出最大流量;若泵的压力随负荷增大而增大,导致 $F_P \geqslant F_F$,阀芯 6 迅速左移,大柱塞右边外控压力油排回油箱而失压,定子迅速向偏心距 e 减小的方向移动,泵的输出流量减小,直到输出流量降为零为止,此时为卸荷状态,产生的液压油全部用于补偿泵的内泄漏,此时外负荷再加大,泵的输出压力也不会再升高;当系统出口油压

力 $p < p_F$ 时,阀芯 6 左移,大柱塞右边压力升高,泵迅速输出大流量。

因这种泵的转子受到不平衡的径向液压力的作用,故又称为非平衡式叶片泵。单作用叶片泵的额定压力一般大于 7 MPa。图 2-4 所示的 PV7 型外控限压式单作用叶片泵的额定压力是 10 MPa(直控)、16 MPa(外控)。

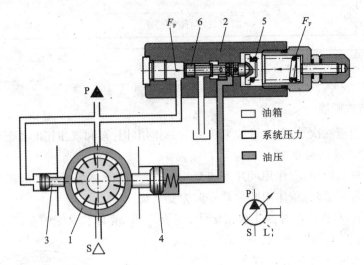

图 2-4　PV7 型外控限压式单作用叶片泵的结构及工作原理图
1—定子;2—阀体;3—调节柱塞;4—大柱塞;5—限压弹簧;6—阀芯

2. 叶片泵使用与维护注意事项

叶片泵具有结构紧凑、工作压力较高、流量脉动小、工作平稳、噪声低、寿命较长、应用较广的优点,但它对油液的污染比较敏感,结构复杂,制造工艺要求比较高。

叶片泵在使用与维护时应注意以下七点。

(1)工作油温。

叶片泵连续运转的油温应为 15～60 ℃。

(2)新机运转。

新机开始运转时,应在无压力的状态下反复启动电动机,以排除泵内和吸油管中的空气。为确保系统内的空气排除,新机可在无负载的状态下,连续运转 10 min 左右。

(3)转轴方向。

从轴端看,转轴作顺时针回转的叶片泵为标准产品,作逆时针回转的叶片泵为特殊式样。

叶片泵转轴回转方向可通过瞬间启动马达来确认。

(4)液压油的选用。

额定压力在 7 MPa 以下的叶片泵,使用 40 ℃时黏度为 20～50 cSt 的液压油;额定压力在 7 MPa 以上的叶片泵,使用 40 ℃时黏度为 30～68 cSt 的液压油。

(5)轴心配合。

泵轴与电动机的偏心误差应小于等于 0.05 mm,角度误差应小于等于 1°。

(6)泄油管压力。

泄油管一定要直接插到油箱的油面下,配管所产生的背压应维持在 0.03 MPa 以下。

(7)吸油压力。

吸油口的压力应为 −0.03～0.03 MPa。

3. 叶片泵常见故障及排除

叶片泵常见故障及排除如表 2-5 所示。

表 2-5　叶片泵常见故障及排除

故 障 现 象	原 因 分 析	排 除 方 法
泵不吸油或无压力	泵转向不对或漏装传动键	纠正转向或重装传动键
	泵转速过低或油液液位过低	提高转速或补油至最低液面以上
	油温过低或油液黏度过大	加热至黏度合适后使用
	过滤器或吸油管路堵塞	清洗过滤器、疏通管路
	吸油管路漏气	紧固管路连接件
输油量不足或压力不够	叶片移动不灵活	不灵活叶片单独配研
	各连接处漏气	紧固、加强密封
	吸油不畅、液面太低	清洗过滤器、向油箱内补油
	端面、径向间隙过大	修复或更换零件
	叶片和定子内表面接触不良	重新定位装配，定子可旋转 180°
噪声、振动过大	转速过高	降低转速
	有空气侵入	检查吸油管、注意液位
	油液黏度过高	适当降低油液黏度
	液面太低、吸油不畅	向油箱内补油、清洗过滤器
	泵与电动机同轴度低	调整同轴度至规定值
	配油盘端面与内孔不垂直	修磨配油盘端面
	叶片垂直度太差	提高叶片垂直度
外泄漏	密封元件老化	更换密封元件
	进、出油口连接部位松动	紧固管接头或螺钉
	密封面磕碰或泵壳体砂眼	修磨密封面或更换壳体
发热大	油温过高	改善油箱散热条件或使用冷却器
	油液黏度太大、内泄过大	使用冷却器、选用合适的液压油
	工作压力过高	降低工作压力
	回油管接近泵吸口	回油管远离泵吸口，接至油箱液面以下

三、柱塞泵

柱塞泵具有压力高、驱动功率大、变量方便、转速高、效率高、结构紧凑、寿命长等优点。其容积效率为 95% 左右，总效率为 90% 左右。

柱塞泵可分为轴向式、径向式和直列式三大类。其中，轴向柱塞泵又可分为斜盘式和斜轴式两大类。

1. 斜盘式轴向柱塞泵结构原理

斜盘式轴向柱塞泵是一种使用比较广泛的柱塞泵。如图 2-5 所示的斜盘式轴向柱塞泵是一种非常常用的泵,主要由斜盘、柱塞、缸体、配流盘及变量机构组成。该泵的左半部分为变量控制机构(此图中的变量控制机构为手动变量控制机构),右半部分为主体部分。

当传动轴 13 带动缸体 15 按图示方向旋转时,由于斜盘 4 和定心弹簧 14 的共同作用,柱塞 8 作往复运动,各柱塞和缸体间的密封容积便发生增大或缩小的变化,通过配流盘 12 上的窗口吸油、压油。

调节斜盘 4 的倾角 γ 的大小,就能改变柱塞 8 的行程长度,继而改变泵的排量。

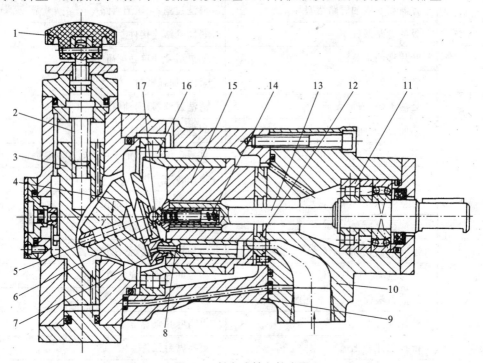

图 2-5 斜盘式轴向柱塞泵

1—手轮;2—螺杆;3—活塞;4—斜盘;5—销;6—压盘;7—滑靴;8—柱塞;9—中间泵体;
10—前泵体;11—前轴承;12—配流盘;13—传动轴;14—定心弹簧;15—缸体;16—大轴承;17—钢球

中间泵体 9 和前泵体 10 组成泵的壳体,传动轴 13(是悬臂梁)通过花键带动缸体 15 旋转,使均匀分布在缸体上的七个柱塞绕传动轴 13 的轴线回转;每个柱塞的头部都装有滑靴 7,滑靴与柱塞为球铰连接;定心弹簧 14 向左的作用力通过内套钢球 17 和压盘(回程盘)6,将滑靴压在斜盘凹的斜面上,缸体 15 转动时,该作用力使柱塞完成回程吸油的动作;定心弹簧 14 向右的作用力通过外套传至缸体 15,使缸体 15 压住配流盘 12,起到密封的作用。柱塞的压油行程则是由斜盘 4 通过滑靴 7 推动的,大轴承 16 用于承受缸体 15 的径向力,缸体 15 的轴向力则由配流盘承受。配流盘上开有吸、排油窗口,分别与前泵体上的吸、排油口相通。

由于斜盘式轴向柱塞泵在高速、高压下工作,所以由滑靴(又名滑履)和斜盘、柱塞和缸体孔、缸体和配流盘所形成的三对摩擦副,是影响泵工作性能和寿命的主要因素。它们既要保证密封性,又要尽量减少磨损。斜盘式轴向柱塞泵的容积效率较高,额定压力可达 31.5 MPa。为了减小瞬时理论流量的脉动性,斜盘式轴向柱塞泵柱塞数取为奇数,如 5,7,9。

2. 柱塞泵使用与维护注意的问题

柱塞泵结构较为复杂、体积较大、重量较大、自吸性差,其有些零件对材料加工工艺的要求较高,成本较高,且要求较高的过滤精度,因此,泵的使用和维护要求也较高。柱塞泵在使用与维护时应注意以下七点。

(1)应避免使用最高压力和最高转速,否则将影响柱塞泵的寿命。

(2)柱塞泵调定压力可以低于额定压力,但工作在额定转速附近为宜。

(3)柱塞泵启动前,必须通过壳体上的泄油口向泵内灌满清洁的工作油。

(4)新机运转。

新机启动时应先点动数次,油流方向和声音都正常后,在低压下运转 5～10 min,然后再投入正常运行。

(5)保持油液洁净。

油液不得混有机械杂质和腐蚀物质,维护好过滤器。

(6)吸油管路上无过滤装置的液压系统,其使用的油必须经滤油装置加至油箱。

(7)液压泵的正常工作油温为 15～65 ℃,泵壳上的最高温度一般比油箱内泵入口处的油温高 10～20 ℃;当油箱内油温达 65 ℃时,泵壳上最高温度不超过 85 ℃。

3. 柱塞泵常见故障及排除

柱塞泵常见故障及排除如表 2-6 所示。

表 2-6   柱塞泵常见故障及排除

故 障 现 象	原 因 分 析	排 除 方 法
压力波动大	液压系统中有空气	排除系统中的空气
	系统中压力阀本身不能正常工作	调整或更换压力阀
	吸油腔真空度太大	使真空度值降低至 0.016 MPa 以下
	压力表座处于振动状态	消除表座振动原因
	油脏等原因使配油面严重磨损	修复或更换零件,并消除磨损的原因
无压力或泄漏大	调压阀没有调整好或建立不起压力	调整或更换调压阀
	泵和电动机不同轴,造成泄漏严重	调整泵与电动机的同轴度
	滑靴脱落	更换柱塞滑靴
	配油面严重磨损	更换或修复零件,并消除磨损的原因
	中心弹簧断裂,无初始密封力	更换中心弹簧
流量不够	脏油造成进油过滤器堵死,或阀门吸油阻力大	清洗,提高油液清洁度,增大阀门
	油面太低,吸油管漏气	加油,排除漏气
	变量泵倾角处于小偏角	增大偏角
	中心弹簧断裂,缸体和配油盘无初始密封力	更换中心弹簧
	配油盘与泵体配油面贴合不平或严重磨损	消除贴合不平的原因;更换配油盘
	油温过高	降低油温

故障现象	原因分析	排除方法
噪声过大	吸油阻力太大,接头处密封差,吸入空气	排除系统中的空气
	油液的黏度太大	降低油液的黏度
	油液中有大量泡沫	消除泡沫及进气的原因
	泵和电动机同轴度低,主轴受径向力作用	调整泵和电动机的同轴度
油温提升过快	油泵内部漏损太大	检修油泵
	液压系统泄漏太大	修复或更换有关元件
	油箱容积小	增加容积,或加置冷却装置
	周围环境温度过高	改善环境条件或加冷却环节
泵不能转动	柱塞与缸体卡死(油脏或油温变化引起的)	更换新油、控制油温
	滑靴脱落(柱塞卡死、负荷过大引起的)	更换或重新装配滑靴
	柱塞球头折断(柱塞卡死、负荷过大引起的)	更换零件
	缸体损坏	更换缸体
伺服变量机构失灵、不变量	伺服活塞卡死	消除卡死的原因
	变量活塞卡死	消除卡死的原因
	单向阀弹簧断裂	更换弹簧
	变量头转动不灵活	消除转动不灵的原因

四、液压泵(马达)型号及选用

1)常用液压泵(马达)的一般型号参数

常用液压泵(马达)的一般型号参数如表 2-7 所示。

表 2-7 常用液压泵(马达)的一般型号参数

名 称 类 别		代 号	压力/MPa	排量/(mL/r)	推 荐 厂
齿轮类	齿轮泵	CB、CBN、CBG、CBA	2.5～25	2.5～200	常州泰峰泵业有限公司、无锡液压件厂、长江液压件厂
	内齿轮泵	NBX、GPAB、BXQ	6.3～32	10～140	上海航空发动机制造厂
	齿轮马达	CM、GM	10～25	10～40	榆次液压有限公司、长江液压件厂、天津液压件厂
叶片类	定量叶片泵	YB、T6、YZB	6.3～28	2.5～250	上海液压件厂、南京液压件厂、榆次液压有限公司
	变量叶片泵	YBX、YBNY、PV7-1X	6.3～16	10～63	上海液压件厂、南京液压件厂、博世力士乐(中国)有限公司
	叶片马达	YMF-E	16～20	125～200	榆次液压有限公司、阜新液压件厂

续表

名　称类别		代　号	压力/MPa	排量/(mL/r)	推　荐　厂
柱塞类	斜盘泵(马达)	CY14-1B、A4FO	～32	2.5～250	邵阳液压件厂、力源液压公司
	斜轴泵(马达)	A2F、A7V、A8V、A6V	～40	10～500	北京华德液压工业集团有限公司、力源液压公司、博世力士乐(中国)有限公司
	径向泵(马达)	BJM、IHM、JM	16～100	1.8～128	东方液压件厂、意宁液压股份有限公司、昆山液压气动马达、常州泰峰泵业有限公司

2) 斜盘式轴向柱塞泵(马达)型号说明

斜盘式轴向柱塞泵(马达)的型号(见图 2-6)中各数字或字母的含义如下。

$$※\ ※\ ※\ ※\ ※\ —\ ※\ \ ※$$
$$1\quad 2\quad 3\ 4\ 5\quad\ 6\quad\ 7$$

图 2-6　25S CY14-1B 斜盘式轴向柱塞泵的型号

(1) 1——公称排量。

第 1 项为数字,代表泵的公称排量,常用的公称排量有 1.25,2.5,10,25,63,80,160,250 mL/r。

(2) 变量形式。

第 2 项为字母,代表泵的变量形式。

其中,字母的含义如下。

M:定量。

S:手动变量。

D:电动变量。

C:伺服变量。

Y:压力补偿变量。

MY:定级压力补偿变量。

P:恒压变量。

(3) 公称压力。

第 3 项为字母,代表泵的公称压力。字母的含义如下。

C:为 31.5 MPa

G:为 24.5 MPa,在该压力下还有派生排量规格 13,32 mL/r。

(4) 类型。

第 4 项为字母,代表泵的类型。字母的含义如下。

Y:泵。

M:马达。

(5) 结构形式。

第 5 项为数字,代表泵的结构形式,14-1 代表缸体旋转式轴向柱塞泵(马达)。

(6) 结构设计序号。

第 6 项为字母,代表泵的结构设计序号。字母的含义如下。

B：第二次改进设计。

（7）转向（从轴端看）。

第 7 项为字母，代表泵的转向。字母的含义如下。

F：为反转泵（逆时针），无标记为正转泵（顺时针）。

转速有 1 000 r/min、1 500 r/min，排量 2.5 mL/r 的泵的转速为 3 000 r/min。

3）液压泵生产厂商介绍

齿轮泵生产厂商：淮阴机械总厂、常州泰峰泵业有限公司、无锡液压件厂、榆次液压有限公司、四川长江液压件有限公司、长治液压件有限公司、阜新液压件厂、合肥长源液压股份有限公司、天津液压件厂、镇江液压件厂有限责任公司、南京液压件三厂、济南液压泵有限责任公司、上海机床厂有限公司、康百世朝田液压机电（中国）公司、北部精机（中国）股份有限公司、意大利 ATOS 中国代表处、泊姆克（天津）液压有限公司、博世力士乐（中国）有限公司等。

内齿轮泵生产厂商：上海航空发动机制造股份有限公司、长治液压件有限公司、宁波华液机器制造有限公司、江西华特液压科技有限公司、江苏泰兴市机械液压件厂、上海机床厂有限公司、南京液压件三厂等。

齿轮马达生产厂商：榆次液压有限公司、四川长江液压件有限公司、合肥长源液压股份有限公司、长治液压件有限公司、济南液压泵有限责任公司、南京液压机械厂有限公司、江苏泰兴市机械液压件厂、宁波中意液压马达有限公司、宁波华液机器制造有限公司、天机液压机械有限公司、泊姆克（天津）液压有限公司等。外啮合齿轮马达排量为 4～16 000 mL/r，内啮合摆线齿轮马达及非圆行星齿轮马达排量可达 4～16 000 mL/r。

叶片泵生产厂商：榆次液压有限公司、南京液压机械厂有限公司、浙江台州先顶液压有限公司、仙居永灵液压机械有限公司、江苏泰兴市机械液压件厂、上海液压件厂、上海大众液压技术有限公司、金城集团有限公司、上海东方液压件厂、伊顿流体动力（上海）有限公司、南京液压件厂有限公司、大连液压件有限公司、银川市长城液压有限公司、阜新液压件厂、天津液压件厂、泊姆克（天津）液压有限公司、上海朝田实业有限公司、海特克液压有限公司、意大利 ATOS 中国代表处、博世力士乐（中国）有限公司等。

叶片马达厂商：榆次液压有限公司、长治液压件厂、阜新液压件厂、伊顿（中国）投资有限公司等。

通轴斜盘式柱塞泵（马达）生产厂商：江苏恒源液压有限公司、启东高压油泵有限公司、佛山科达液压机械有限公司、邵阳维克液压有限责任公司、中航力源液压股份有限公司、北京华德液压工业集团有限公司、上海电气液压气动有限公司（原上海液压泵厂）、上海高压油泵厂有限公司、北京格兰中创液压泵有限公司、天高液压件有限公司、上海精峰液压泵有限公司、上海纳博特斯克液压有限公司、昆山液压件厂、宁波广天赛克斯液压有限公司、意宁液压股份有限公司、太原矿山机器集团有限公司、德州液压机具厂有限公司、沈阳液压件厂、海特克液压有限公司、伊顿（中国）投资有限公司、上海朝田实业有限公司、川崎精密机械中国事业、意大利 ATOS 中国代表处、博世力士乐（中国）有限公司等。

斜轴柱塞泵（马达）生产厂商：中航力源液压股份有限公司、宁波广天赛克斯液压公司（A2F）、佛山科达液压机械有限公司、宁波恒力液压股份有限公司、中国华德液压工业集团有限公司、上海电气液压气动有限公司、沈阳工程液压件厂、伊顿（中国）投资有限公司、博世力士乐（中国）有限公司等。

径向泵生产厂商：上海电气液压气动有限公司、天高液压件有限公司、长沙方鑫机床机电有限公司、长沙南方机床厂、兰州华世泵业科技有限公司、意大利 ATOS 中国代表处、博世力士乐（中国）有限公司等。

径向马达生产厂商：上海电气液压气动有限公司、启东高压油泵有限公司、宁波中意液压马达有限公司、宁波英特姆液压马达有限公司、宁波恒通液压科技有限公司、宁波市北仑天鼎液压科技有限公司、太原矿山机器润滑液压设备有限公司、川崎精密机械中国事业、博世力士乐（中国）有限公司等。

2.3 液压缸

与液压马达相同，液压缸也是液压系统中的执行元件，是一种将液体的压力能转换成机械能以实现直线往复运动的能量转换装置。

常用的液压缸有活塞缸、柱塞缸和其他类型的液压缸等。液压缸与机械机构配合，可完成各种功能。

一、活塞缸结构原理

如图 2-7 所示为常用的 HSG 双作用单杆活塞缸的结构图。缸筒 11 和缸底 2 焊接成一体，并通过螺纹与端盖 15 连接。活塞与缸筒 11 配合，其上装有支撑环 9 和密封圈 10。活塞杆 12 靠导向套 13 导向，并用密封圈 16 密封。导向套 13 对液压缸起缓冲作用。防尘圈 19 可防止杂质进入缸内。

当 A 口进油时，活塞缸的活塞杆 12 向右运动；当 B 口进油时，活塞缸的活塞杆 12 向左运动，并通过耳环 21 带动机械设备工作。

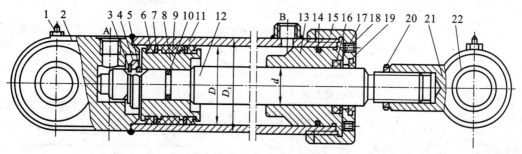

图 2-7　HSG 双作用单杆活塞缸的结构图

1—螺钉；2—缸底；3—弹簧卡圈；4—挡环；5—卡环；6—密封圈；7—挡圈；8—活塞；9—支撑环；10—活塞与活塞杆之间的密封圈；11—缸筒；12—活塞杆；13—导向套；14—导向套的密封圈；15—端盖；16—活塞杆的密封圈；17—挡圈；18—锁紧螺钉；19—防尘圈；20—锁紧螺母；21—耳环；22—耳环衬套圈

二、液压缸使用与维护注意事项

液压缸在使用与维护时应注意以下五点。

（1）基座安装必须有足够的强度，否则活塞杆易弯曲。

（2）液压缸轴向两端不能固定死，以防热胀冷缩及因液压力作用而变形。

（3）空载时，应拧开排气螺塞或进、出油口，进行排气。

（4）注意控制油温、油压的变化，以及油液的污染度。

（5）注意液压缸的防尘。

三、液压缸常见故障及排除方法

液压缸常见故障及排除方法如表 2-8 所示。

表 2-8　液压缸常见故障及排除方法

故障现象	原 因 分 析			排 除 方 法
活塞杆不能动作	压力不足	油液未进入液压缸	换向阀未换向	检查换向阀未更换的原因并排除
			系统未供油	检查液压泵和主要液压阀的故障原因并排除
		虽有油，但没有压力	系统有故障，主要是液压泵或溢流阀有故障	检查液压泵或溢流阀的故障原因并排除
			内部泄露严重，活塞与活塞杆松脱，密封圈损坏严重	紧固活塞与活塞杆，并更换密封圈
			密封圈老化、失效，其唇口装反或有破损	更换密封圈，并正确安装
			活塞杆破损	更换活塞杆
		压力达不到规定值	系统调定压力过低	重新调整压力，直至达到要求值
			压力调节阀有故障	检查压力调节阀的故障原因并排除
			通过调整阀的流量过小，液压缸内泄漏量增大时，流量不足，造成压力不足	调整阀的通过流量大小，使其大于液压缸内泄漏量
活塞杆不能动作	压力已达到要求但仍不动作	液压缸结构上的问题	活塞端面与缸筒端面紧贴在一起，工作面积不足，不能启动	端面上加一条通油槽，使油液迅速流进活塞的工作端面
			具有缓冲装置的缸筒上单向阀回路被活塞堵住	缸筒的进、出油口位置应与活塞端面错开
		活塞杆移动别劲儿	缸筒与活塞、导向套与活塞杆配合间隙过小	检查配合间隙，并配研至规定值
			活塞杆与导向套之间的配合间隙过小	检查配合间隙，修刮导向套孔
			液压缸装配不良	重新装配和安装，更换不合格零件
		液压回路引起的原因	主要是液压背压腔油液未与油箱相通，回油路上的调速阀节流口调节过小或连通回油的换向阀未动作	检查原因并消除

故障现象	原 因 分 析		排 除 方 法
速度达不到规定值	内泄漏严重	密封圈破损严重	更换密封圈
		油液的黏度太低	更换适宜黏度的液压油
		油温过高	检查油温过高的原因并排除
	外负载过大	设计错误,选用压力过低	核算后更换元件,调整至工作压力
		工艺和使用错误,造成外负荷比预定值大	按设备规定值使用
	活塞移动时"别劲儿"	缸筒孔锥度和圆度超差	检查零件尺寸,更换无法修复的零件
速度达不到规定值	装配质量差	活塞、活塞缸与缸盖之间同轴度差,液压缸与工作台平行度差,活塞杆与导向套配合间隙过小	重新装配,并调整配合间隙
	脏物进入滑动部位	油液过脏	过滤或更换油液
		防尘圈破损	更换防尘圈
		装配时未清洗干净或带入脏物	拆开清洗,装配时注意清洁
液压缸出现爬行	运动整劲、缸内有空气		更换密封圈,消除缸内空气
有外泄漏	装配不良、密封元件不佳、活塞杆加工不良、油液黏度过大、油温过高、活塞杆拉伤等		重新装配、更换密封圈、调整油温等
缓冲装置出现故障	整劲、有脏物、磨损等		拆检清洗、修复

四、液压缸的修理

(1) 若活塞杆有滑痕、漏油,可通过涂刷胶液或银焊来修复活塞杆。

(2) 若活塞杆有严重锈蚀,则先磨削,后镀铬修复活塞杆。

(3) 若活塞杆损坏,系统内侵入有杂质,更换防尘圈。

(4) 若活塞杆弯曲(大于 20%),校正修复活塞杆。

(5) 若缸内泄漏严重(大于规定的 3 倍),更换密封元件或对活塞进行镀铬处理。

(6) 若缸的两端盖泄漏,更换密封元件或禁固螺钉。

(7) 若缓冲装置不良,可检查配磨修复或更换。

(8) 修复后测试:试压 1.2～1.5 倍、保压 2～5 min 不泄漏即可。

五、型号说明和选用

液压缸一般型号说明如表 2-9 所示。

表 2-9　液压缸一般型号说明

	类　　型	缸盖形式	主要参数/mm	压力级别/MPa	行程/mm
型号	HSG—双作用单杆缸 Y-HG—冶金单杆缸 DG—车辆用单杆缸 ZG—柱塞式	L—外螺纹连接 K—内卡键连接 F—法兰盘连接	D——缸径:8~630 d——杆径:4~400	C—6.3 E—16 G—25 H—32	25~5 000
举例	HSGK-$\dfrac{100}{55}$E-3321-1 000×800 表示行程 1 000 mm、安装距 800 mm、压力 16 MPa 的内卡键连接的双作用单杆缸				

　　液压缸生产厂商有:江苏恒立高压油缸股份有限公司、武汉华液传动制造有限公司、泸州华源液压机械设备有限公司、四川长江液压件有限责任公司、浙江汉达机械有限公司、四平液压件厂、北京冶金液压机械厂、南京山特工程机械制造公司、无锡江南液压件厂等。

　　Y-HG1 系列冶金设备用液压缸有 13 种安装连接方式、34 种规格、68 个品种,符合国家标准。

2.4 液压阀

一、液压阀概述

　　液压阀在液压系统中被用来控制液流的压力、流量和方向,以保证执行元件按照要求进行工作。

　　液压阀基本结构包括阀芯、阀体和驱动阀芯在阀体内作相对运动的装置。其中,驱动装置可以是手调机构,也可以是弹簧或电磁铁,有时还作用有液压力。

　　液压阀按用途功能可分为方向控制阀、压力控制阀、流量控制阀三大类。

1. 液压阀的结构类型

　　液压阀按其结构形式可分为滑阀、锥阀和球阀三大类。

　　滑阀的密封形式为间隙密封,由于其阀芯与阀口存在一定的密封长度,因此滑阀运动存在一个死区。

　　锥阀阀芯的半锥角一般为 12°~20°,阀口关闭时的密封形式为线密封。锥阀密封性能好且动作灵敏。

　　球阀的性能与锥阀的性能相同。

2. 液压阀的的材料

1) 普通油压阀的阀体材料

　　普通油压阀的阀体材料绝大多数为灰铸铁(如 HT250、HT300 等)或球墨铸铁(如 QT400-15、QT500-3 等),少量采用合金铸铁和蠕墨铸铁。液压油的普通阀的阀体油道多为铸造成形。

2）伺服阀的阀体

伺服阀的阀体所使用的材料种类较多，一般多为不锈钢（如 1Cr18Ni9Ti、9Cr18、Cr17Ni2 等），也有铝合金 LD10、ZL105。

伺服阀的阀体一般由有沉淀硬化不锈钢 0Cr17Ni4Cu4Nb 制造，这种钢具有一般不锈钢的抗腐蚀性，同时又可通过沉淀硬化提高其强度，是一种高强度不锈钢，其抗腐蚀性近似于奥氏体不锈钢 1Cr18Ni9Ti 的抗腐蚀性，抗拉强度优于 30CrMnSi 的抗拉强度。

3）水压阀阀体的材料

水压阀的阀体可选用 LD5、LD10 等锻铝材料制造，加工后对铝件表面进行阳极氧化处理，也可采用 1Cr18Ni9Ti 等奥氏体不锈钢材料制造。

4）油压阀中阀芯、阀套的材料

油压阀中阀芯、阀套等精密零件一般选用 45 钢、40Cr、Cr12MoV、12CrNi3A、18CrMnTi、18CrNiWA 及 GCr15 等高级工具钢、高合金结构钢、优质钢及轴承钢等材料制造。这些精密零件要求其所用材料具有良好的耐磨性、线胀系数和变形量小等特点。

为了提高阀芯的耐磨性，材料表面必须达到一定的硬度（一般要求不小于 58 HRC）。所以，针对不同的材料，可选用淬火、渗碳、渗氮等不同的热处理手段进行处理。

二、换向阀

1. 换向阀结构原理

换向阀是借助于阀芯与阀体之间的相对运动，使与阀体相连的各油路实现接通、切断或改变液流方向的方向控制阀。

阀的操纵方式可分为手动、机动、电磁动、液动、电液动和气动等六大类。下面介绍常用的电磁换向阀和电液换向阀的结构原理。

1）电磁换向阀结构原理

电磁换向阀利用电磁铁吸力推动阀芯来改变阀的工作位置，简称电磁阀。由于它可借助于按钮开关、行程开关、限位开关、压力继电器等发出的信号进行阀工作位置的控制，所以易于实现动作转换的自动化。

根据所用的电源不同，阀用电磁铁分为交流型（220、110、380 V）、直流型（24、12、110 V）和本整型（即交流本机整流型）三种。其中，直流型电磁换向阀工作可靠，换向冲击小，噪声小，但需有直流电源。

如图 2-8 所示为三位四通电磁换向阀。两边电磁铁都不通电时，阀芯 4 在对中弹簧 2 的作用下处于中位，P、T、A、B 口互不相通；当右边电磁铁通电时，推杆 10 将阀芯 4 推向左端，此时 P 口与 A 口通，B 口与 T 口通；当左边电磁铁通电时，推杆将阀芯推向右端，此时 P 口与 B 口通，A 口与 T 口通。

根据电磁铁的铁芯和线圈是否浸油，电磁换向阀分为干式电磁换向阀和湿式（油浸式）电磁换向阀两种。其中，湿式电磁换向阀的换向阻力小，工作可靠，但价格较高。

2）电液换向阀结构原理

由于电磁铁的吸力有限（≤120 N），所以当通流量大于 120（或 100）L/min，或要求换向性能好时，则选用液动换向阀或电液换向阀。

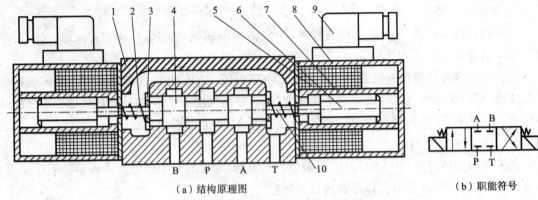

（a）结构原理图　　　　　　　　　　　　　　（b）职能符号

图 2-8　三位四通电磁换向阀

1—阀体；2—对中弹簧；3—挡圈；4—阀芯；5—线圈；
6—衔铁；7—隔套；8—壳体；9—电插头；10—推杆

由电磁换向阀和液动换向阀组成的阀称为电液换向阀。电液换向阀中，电磁换向阀起先导阀作用，液动换向阀起主阀作用。

如图 2-9 所示为三位四通 O 形电液动向阀的结构原理图、职能符号和简化的职能符号。

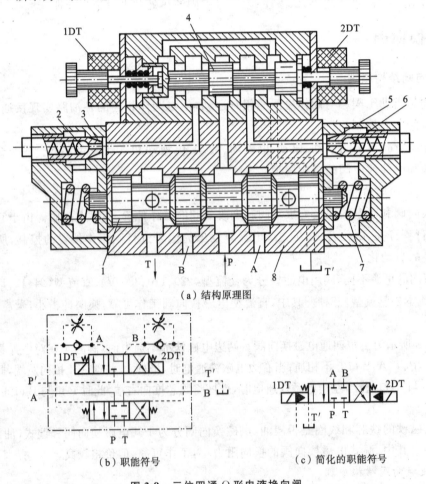

（a）结构原理图

（b）职能符号　　　　　　　　　　　（c）简化的职能符号

图 2-9　三位四通 O 形电液换向阀

1—主阀芯；2、6—单向阀；3、5—节流阀；4—先导阀芯；7—对中弹簧；8—阀体

当电磁铁 1DT、2DT 都不得电,先导阀芯 4 处于中位,不通压力油时,主阀芯 1 在对中弹簧 7 的作用下处于中位,各阀口关闭;当电磁铁 1DT 得电,压力油作用在主阀芯 1 左侧,推动主阀芯 1 右移,P 口与 A 口通,B 口与 T 口通;当电磁铁 2DT 得电,压力油作用在主阀芯 1 右侧,推动主阀芯 1 左移,P 口与 B 口通,A 口与 T 口通;实现了换向。

起先导阀作用的电磁换向阀必须是 Y 型的,以使电磁铁 1DT、2DT 都不得电时,电磁换向阀、主阀可靠停在中位。主阀芯的换向速度由节流阀 3、5 来调节,使得系统中的执行元件能够得到平稳无冲击的换向。

控制压力油口 P' 的压力油若来自主油路 P 口,称内控,也可以外接压力油,称外控。采用内控又要使泵卸荷(用常态位 M、H、K 型电液换向)时,须在 P 口安装一个预压阀,即开启压力为 0.45 MPa 的单向阀,保证最低的控制压力。

2. 换向阀使用与维护注意事项

(1) 阀通径大于 10 mm 时,可考虑选用电液换向阀等。

(2) 选用合适的中位机能和对中方式。

(3) 电磁铁通入的电信号必须正确。

(4) 回油口 T 的压力不得超过规定的允许值。

(5) 主油路需要卸荷的 M、H、K 型机能的电液换向阀,中位时必须保证一定的控制压力,必要时在回油口加装背压阀或单向阀等。

(6) 控制油液污染度和温度,延长换向阀使用寿命。

3. 换向阀常见故障及排除方法

换向阀常见故障现象有阀芯不能移动、操纵机构失灵、外泄漏、噪声大等。换向阀常见故障及排除方法如表 2-10 所示。

表 2-10 换向阀常见的故障及排除方法

故障现象	原 因 分 析	排 除 方 法
阀芯不能移动	油液黏度太大	更换成黏度适合的油液
	油温太高,阀芯因热变形而被卡住	查找油温高的原因并降低油温
	弹簧太软,阀芯不能自动复位;弹簧太硬,阀芯推不到位	更换成合适的弹簧
	电磁换向阀的电磁铁损坏	修复或更换电磁铁
	阀芯表面划伤、阀体内孔划伤、油液污染使阀芯卡阻、阀芯弯曲	卸开换向阀,仔细清洗,研磨修复或更换阀芯
	阀芯与阀体内孔配合间隙不当,间隙过大,阀芯在阀体内歪斜,使阀芯卡住;间隙过小,摩擦阻力增加,阀芯无法移动	检查配合间隙。间隙太小,研磨阀芯;间隙太大,重配阀芯,也可以采用电镀工艺,增大阀芯直径
	连接螺钉有松有紧,使阀体变形,阀芯无法移动。另外,安装基面平面度超差,紧固基面时阀体产生了变形	松开全部螺钉,重新均匀拧紧;若因安装基面平面度超差使阀芯无法移动,则需要重磨安装基面,使基面平面度达到规定要求
	液动换向阀两端的单向节流器失灵	仔细检查节流器是否堵塞、单向阀是否泄漏,并修复

故障现象	原 因 分 析	排 除 方 法
操纵机构失灵	线圈绝缘不良	更换电磁铁线圈
	电磁铁铁芯轴线与阀芯轴线同轴度不良	拆卸电磁铁并重新装配
	供电电压太高	按规定电压值来调整供电电压
	阀芯被卡住,电磁力推不动阀芯	拆开仔细检查弹簧、阀芯,修复或更换电磁铁线圈
	回油口背压过高	找出背压过高的原因并排除
噪声大	电磁铁推杆过长或过短	修整或更换推杆
	电磁铁铁芯的吸合面不平或接触不良	拆开电磁铁,修整吸合面,清除污物等
外泄漏	泄油腔压力过高或O形密封圈失效造成电磁阀推杆处外渗漏	检查泄油腔压力,如果多个换向阀泄油腔串接在一起,则将它们分别接口油箱;更换密封圈
	安装面粗糙、安装螺钉松动、漏装O形密封圈或O形密封圈失效	磨削安装面使其表面粗糙度符合要求,通常阀的安装面的表面粗糙度 Ra 不大于 $0.8~\mu m$;补装或更换成O形圈

三、压力控制阀

1. 压力控制阀结构原理

1) 先导式溢流阀结构原理

先导式溢流阀由主阀和先导阀两部分组成。

DB/DBW 型先导式溢流阀有板式、管式、插装式三种连接方式,其通径为 10、20、30 mm,工作压力可达 35 MPa,阀口流量可达 600 L/min,采用铸造内流道,结构简单、噪声小,启闭特性好,性能稳定;DBW 型是通径为 5 mm 的二位三通电磁阀、先导阀、主阀组成的组合阀,又称电磁溢流阀,可调压,可使泵卸荷。

先导阀的前腔控制口用于卸荷和遥控。先导阀类似于直动型溢流阀,但一般多为锥阀形阀座式结构。主阀有一节同心结构、二节同心结构和三节同心结构等形式。

如图 2-10 所示为二节同心 DB 型先导式溢流阀,其主阀芯为带有圆柱面的锥阀芯。为了使主阀关闭时阀有良好的密封性,主阀芯圆柱面与阀套、主阀芯锥面与阀座锥面两处的同心度要求较高,故称二节同心。

二节同心先导式溢流阀的工作原理与三节同心先导式溢流阀的工作原理基本相同,不同的是油液从其主阀下腔到主阀上腔,需要经过三个阻尼孔,三个阻尼孔均不设在主阀芯上而设在阀体上,且阻尼孔 2 和 4 易调节,长径比较小,不易堵塞。压力液经主阀下腔阻尼孔 2 和 4,到先导阀前腔,与先导锥阀芯 7 平衡,再通过阻尼孔 3 作用于主阀上腔,从而控制主阀芯开启。阻尼孔 3 还用于提高主阀芯 1 的稳定性。

先导阀和主阀的阀芯在工作时均处于受力平衡状态,阀口均满足压力流量方程。

先导阀调压弹簧的预压缩量主要用于决定其压力值,主阀弹簧用于主阀芯的复位。

通过先导阀的油液流量很小,是主阀额定流量的 1%,因此先导阀的结构尺寸一般都较小,其调压弹簧的刚度也不大,压力调整比较轻便。

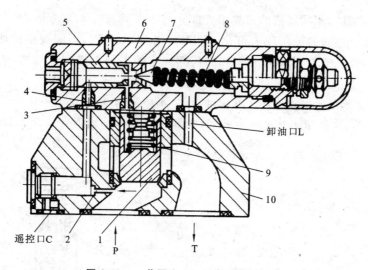

图 2-10 二节同心 DB 型先导式溢流阀

1—主阀芯;2、3、4—阻尼孔;5—先导阀座;6—先导阀体;
7—先导锥阀芯;8—调压弹簧;9—主阀弹簧;10—主阀阀体

主阀芯通过油液流经阻尼孔形成的压力差实现开启。

一般情况下,阻尼孔为细长孔,孔长为 8～12 mm,孔径为 0.8～1.2 mm,因此工作时易堵塞。阻尼孔一旦堵塞,将导致主阀口常开,无法调压。

2) 减压阀结构原理

在一个液压系统中,往往有一个液压泵要向几个执行元件供油、各执行元件所需的工作压力不相同的情况,此时可在分支油路中串联一减压阀,油液流经减压阀后,压力降低,且使其出口处相接的某一回路的压力保持恒定。

减压阀是利用液流流过缝隙产生压力降,使出口压力低于进口压力的压力控制阀。按压力调节要求不同,减压阀分为定值减压阀、定差减压阀、定比减压阀三种。其中,以定值减压阀应用最广。通常我们所说的减压阀就是指定值减压阀。

定值减压阀有直动式和先导式两种结构形式。其中,先导式定值减压阀根据控制方式不同又可分为出口压力控制式定值减压阀和进口压力控制式定值减压阀两种。

如图 2-11 所示为直动式定值减压阀。其阀体上进油口 P_1 接液压泵,出油口 P_2 接系统,卸油口 L 接油箱。当出口油压未达到弹簧的调定压力时,阀芯在弹簧力的作用下处于最下端位置,阀口全开,进、出油口相通。同时,出油口油液经阀体孔道作用在阀芯底端面产生液压力,当出油口液压力大于弹簧的调定压力时,阀芯上移,阀口变小,压降增大,使出口压力下降,达到阀的调定压力值。

3) 顺序阀结构原理

顺序阀是利用压力来控制阀口通断的压力阀。它的主要功用是以压力为信号使多个执行元件自动地按预设先后顺序动作。顺序阀也有自动式和先导式之分。根据控制压力来源的不同,它还有内控式和外控式之分。

如图 2-12 所示为直动式顺序阀。在进油口压力未达到阀的调定压力之前,阀芯一直是关闭的。当它达到调定压力时,阀口开启,进油口 P_1 处的压力油从出油口 P_2 流出,去驱动该阀后的执行元件。

DZ、DP 型直动式顺序阀响应快、体积小、使用方便,其控制压力可达 21 MPa 或 31.5 MPa,

工作压力为 31.5 MPa,不同规格的该类阀流量分别可达 30、60、80 L/min。

DZ 型先导式顺序阀的控制压力可达 21 MPa 或 31.5 MPa,不同规格的此类阀的流量有 150、300、450 L/min。它常用作旁通阀和卸荷阀。它的主阀为锥阀式结构,先导阀为滑阀式结构。

顺序阀与溢流阀的不同之处在于其出油口 P_2 不接油箱,而通向某一压力回路,因而其泄油口 L 必须接回油箱,这种卸油方式称为外卸;如泄油口经内部通道并入出油口接回油箱,称为内卸。

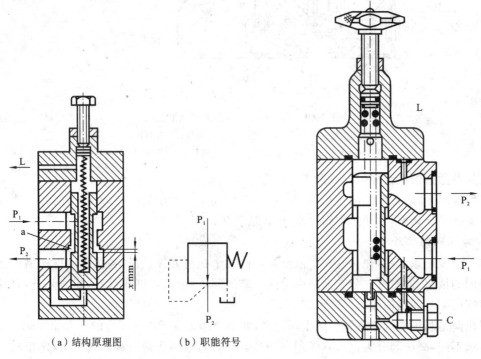

（a）结构原理图　　　（b）职能符号

图 2-11　直动式定值减压阀

图 2-12　直动式顺序阀

通过改变控制方式、泄油方式和二次油路的接法,顺序阀还可构成其他功能,如用作背压阀、平衡阀或卸荷阀。如把外控式顺序阀的出油口接通油箱,可构成卸荷阀。

顺序阀的类型及职能符号如表 2-11 所示。

表 2-11　顺序阀的类型与职能符号

类型	内控外卸	外控外卸	内控内卸	外控内卸	先导式	单向阀
名称	顺序阀	外控式顺序阀	背压阀	卸荷阀	先导式顺序阀	平衡阀
职能符号						

2. 压力阀使用与维护注意事项

1）溢流阀使用与维护注意事项

（1）应根据系统的工作压力和流量,合理选定溢流阀的额定压力和通径规格。

（2）各油口连接应正确,密封应可靠,外部泄油口必须直接接回油箱。

（3）卸荷溢流阀的回油口必须直接接回油箱，以减小背压。

（4）调压时旋转方向要正确，调好后应将锁紧螺母固定。

（5）更换调压弹簧可改变调压范围，但启闭特性可能改变。

（6）通常，直动式溢流阀响应快，宜作安全保护阀用；而先导式溢流阀宜作调压和定压阀用。

2）减压阀使用与维护注意事项

（1）应根据系统的工作压力和流量，合理选定减压阀的额定压力和通径规格。

（2）安装减压阀时，应正确选用连接件（如安装底板、管接头等），并注意连接处的密封；阀的各个油口应正确接入系统，外部卸油口必须直接接回油箱。

（3）应根据液压系统的工况特点和具体要求，选择减压阀的类型，并注意减压阀的启闭特性的变化趋势与溢流阀是相反的，即通过减压阀的流量增大时，二次压力有所减小。另外，还应注意，减压阀的泄油量较其他控制阀的多，因此始终有油液从先导阀流出，有时多达 1 L/min 以上，选择液压泵流量时，应考虑这一点。

（4）应根据减压阀在液压系统中的用途和作用，确定和调节二次压力，同时必须注意减压阀设定压力与执行器负载压力的关系。主减压阀的二次压力设定值应高于远程调压阀的设定压力。二次压力的调节范围取决于所用的调压弹簧和阀的通过流量。减压阀最低调节压力应保证一次与二次压力之差为 0.3～1 MPa。

（5）调压时应注意以正确旋转方向调节调压机构，调压结束时应将锁紧螺母固定。

（6）如果需要通过先导式减压阀的遥控口对系统进行多级减压控制，则应将遥控口的螺堵拧下，将遥控口接入控制油路；否则，应将遥控口严密封堵。

（7）卸荷溢流阀的回油口应直接接回油箱，以减小背压。

（8）减压阀出现调压失灵或噪声较大等故障时，应拆洗并正确安装，注意防止二次污染。

3）顺序阀使用与维护注意事项

（1）顺序阀的通过流量不宜小于额定流量过多，否则将产生振动或其他不稳定现象。

（2）应根据液压系统的具体要求选用顺序阀的控制方式。对于外控式顺序阀，应提供适当的控制压力油，以使阀启闭可靠。

（3）对于启闭特性太差的顺序阀，通过流量较大时，会出现一次压力过高，导致系统效率降低的现象。

（4）顺序阀的开启压力不能过低，否则会因泄漏导致执行器误动作。

（5）顺序阀通常为外泄方式，所以必须将卸油口接至油箱，并注意泄油路背压不能过高，以免影响顺序阀的正常工作。

（6）顺序阀多用螺纹连接，安装位置应便于操作和维护。

（7）在使用单向顺序阀（作平衡阀使用）时，必须保证密封性，不产生内部泄漏，能长期保证液压缸所处的位置。

（8）顺序阀作为卸荷阀使用时，应注意它对执行元件工作压力的影响，因为卸荷阀是通过调整螺钉、调节弹簧来调整压力的，这将使液压系统工作压力发生变化，应充分注意。

3. 压力阀常见故障及排除方法

1）溢流阀常见故障及排除方法

溢流阀常见故障及排除方法如表 2-12 所示。

表 2-12　溢流阀常见故障及排除方法

故障现象	原 因 分 析	排 除 方 法
系统压力波动	调压螺钉振动,使锁紧螺母松动	重新调节并锁紧
	液压油不清洁使主阀芯滑动不灵活或卡住	定时清理油箱、管路、过滤系统
	主阀芯滑动不畅造成阻尼孔时堵时通	修配或更换不合格的零件
	主阀芯圆锥面与阀座的锥面接触不良好,磨合差	重新磨合
	主阀芯的阻尼孔太大,没有起到阻尼作用	适当缩小阻尼孔
	先导阀调正弹簧弯曲,造成阀芯与锥阀座接触不好,磨损不均	重新调正弹簧
系统压力完全加不上去	① 主阀芯的阻尼孔被堵死; ② 主阀芯装配质量差,在开启位置时卡住,装配质量差; ③ 主阀芯复位弹簧折断或弯曲,使主阀芯不能复位	① 拆开主阀,清洗阻尼孔; ② 重新装配; ③ 更换折断或弯曲的弹簧
	先导阀故障: ① 调正弹簧折断或未装入; ② 锥阀或钢球未装; ③ 锥阀碎裂	更换破损件或补装零件,使先导阀恢复正常工作
	遥控口电磁阀未通电(常开型)或滑阀卡死	检查电源线路,查看电源是否接通
	液压泵故障: ① 液压泵连接键脱落或滚动; ② 滑动表面间间隙过太; ③ 叶片泵的叶片在转子槽内卡死; ④ 叶片和转子方向装反; ⑤ 叶片中的弹簧因所受高频周期负荷作用,而疲劳变形或折断	① 更换或重新调正连接键,并修配键槽; ② 修配滑动表面间间隙; ③ 拆卸并清洗叶片泵; ④ 正确安装叶片和转子; ⑤ 更换弹簧
	进、出油口装反	重新装配进、出油口
系统压力升不高	① 主阀芯锥面磨损或不圆,阀座锥面磨损或不圆; ② 锥面处有脏物; ③ 锥面与阀座由于机械加工误差导致不同心; ④ 主阀芯与阀座配合不严密,主阀芯有"别劲儿"或损坏; ⑤ 如密封垫损坏,压盖螺钉松动造成主阀压盖处有泄漏	① 更换溢流阀或或修配主阀芯及阀座; ② 清洗去除脏物; ③ 更换不合格元件; ④ 调正主阀芯与阀座; ⑤ 更换密封垫或拧紧压盖螺钉,消除泄漏
	① 先导阀调正弹簧弯曲或太短、太软,致使锥阀与阀座结合处封闭性差; ② 锥阀与阀座磨损; ③ 锥阀接触面不圆,接触面太宽,容易进入脏物,或被胶质粘住	更换不合格元件或检修先导阀,使之达到使用要求
	① 遥控口电磁处常闭位置时,阀内泄漏严重; ② 阀口处阀体与滑阀磨损严重; ③ 滑阀换向未到达正确位置,造成油封长度不足; ④ 遥控口管路有泄漏	① 检修或更换失效件,使之达到要求; ② 检查管路消除泄漏

续表

故障现象	原 因 分 析	排 除 方 法
压力突然升高	① 主阀芯零件工作不灵敏,在关闭状态时突然卡死; ② 液压元件加工精度低,装配质量差,油液过脏等	检查清洗,并重新装配
	① 先导阀阀芯与阀座结合面粘住脱不开,造成系统不能实现正常卸荷; ② 调正弹簧使阀"别劲儿"	① 清洗先导阀; ② 修配或更换失效零件——调正弹簧
压力突然下降	① 主阀芯阻尼孔突然被堵; ② 主阀盖处密封垫突然破损; ③ 主阀芯工作不灵敏; ④ 先导阀阀芯突然破裂; ⑤ 调正弹簧突然折断	① 疏通阻尼孔,清洗阀; ② 检修或更换密封垫; ③ 检修或更换主阀芯; ④ 检修并更换主阀芯; ⑤ 更换调正弹簧
	① 遥控口电磁阀电磁铁突然断电,使溢流阀卸荷; ② 遥控口管接头突然脱口或管子突然破裂	① 检查并消除电气故障; ② 修复或更换管子
振动和噪声大	① 在某个压力值急剧下降时,在管路及执行元件中将会产生振动; ② 这种振动将随着加压一侧的容量增大而增大	① 使压力下降时间不小于 0.1 s,可在溢流阀的遥控口处接入固定节流阀; ② 在遥控管路中使用防振阀
	先导阀弹簧自振频率与压力流量脉动合拍,引起共振	旋转调压手柄避开共振区,或在先导阀进油口处加个螺堵增加阻尼

2）减压阀常见故障及排除方法

减压阀常见故障及排除方法如表 2-13 所示。

表 2-13　减压阀常见故障及排除方法

故 障 现 象	原 因 分 析	排 除 方 法
不能减压或无二次压力	无压力油输入	检查并排除
	主阀芯弹簧折断或弯曲	更换弹簧
	泄油不畅	检查拆洗减压阀,使其泄油通畅
调压升降不均匀	主阀芯弹簧弯曲或折断	检查并更换弹簧
振动和噪声大	先导阀弹簧自振频率与压力流量脉动合拍,形成共振	旋转调压手柄避开共振区,或在先导阀进油口处加个螺堵增加阻尼
二次压力不够或不稳定	主阀芯卡阻	清洗并疏通主阀芯
	先导阀密封不严	修理或更换先导阀或阀座
	单向减压阀中单向阀泄露大	拆检或更换单向阀零件

3）顺序阀常见故障及排除方法

顺序阀常见故障及排除方法如表 2-14 所示。

表 2-14　顺序阀常见故障及排除方法

故障现象	原因分析	排除方法
执行元件不动作	先导阀不能打开或堵塞	拆检并清洗先导阀
	主阀芯卡阻在关闭状态	拆检清洗主阀芯,更换弹簧
振动和噪声大	先导阀弹簧自振频率与压力流量脉动合拍,形成共振	旋转调压手柄避开共振区,或在先导阀进油口处加个螺堵增加阻尼
不能起顺序控制作用	主阀芯卡阻在开启状态	拆检并清洗修复主阀芯
	先导阀密封不严泄露大	修理或更换先导阀或阀座
	调压弹簧损坏或漏装	拆检或更换调压弹簧

四、流量控制阀

通过改变节流口通流面积或通流通道的长短来改变局部阻力的大小,从而实现对流量的控制和调节的阀称为流量控制阀。常用的流量控制阀包括节流阀、调速阀、溢流节流阀和分流集流阀等。

1. 流量阀结构原理

1) 节流阀结构原理

如图 2-13 所示为节流阀。具有螺旋曲线开口的阀芯 5 与阀套 3 上的窗口匹配后,构成了具有某种形状的棱边型节流孔。转动手轮 2,螺旋曲线即相对套筒窗口升高或降低,从而调节节流口面积的大小,实现对流量的控制。

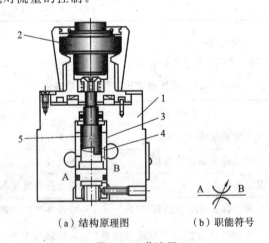

（a）结构原理图　　　（b）职能符号

图 2-13　节流阀

1—阀体；2—手轮；3—阀套；4—节流口；5—阀芯

需要指出的是,节流阀的流量不仅取决于节流口面积的大小,还与节流口前、后压差有关。由于节流阀的刚度小,故节流阀只适用于执行元件负荷变化很小和速度稳定性要求不高的场合。

节流阀在液压系统中,主要与定量泵、溢流阀组成节流调速系统。对于要求高稳定的节流调速系统,必须进行压力补偿,使流量稳定。

2）调速阀结构原理

如图 2-14 所示为调速阀。它是进行了压力补偿的节流阀,由定差减压阀和节流阀串联而成。液压泵出口(即调速阀进口 P_1)压力为 p_1,p_1 由溢流阀调整,基本上保持恒定。调速阀出口 P_2 处的压力 p_2 由节流阀阀芯上的负荷 F 决定。当 F 增大时,调速阀进、出口压差 p_1-p_2 将减小。若系统中装的是普通节流阀,则由于压差的变动会影响通过节流阀的流量,因而活塞运动的速度不能保持恒定。另外,由于减压阀的自动调节作用,节流阀前、后压差 $\Delta p = p_m - p_2$ 基本上保持不变。

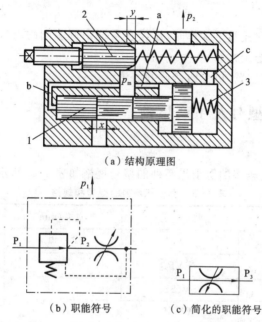

（a）结构原理图

（b）职能符号　　　　（c）简化的职能符号

图 2-14　调速阀

1—定差减压阀阀芯;2—节流阀阀芯;3—弹簧;x—减压口;y—节流口;

a、b、c—孔道

减压阀阀芯右端的油腔通过孔道 c 和节流阀后的油腔相通,压力为 p_2,其肩部腔和下端油腔通过孔道 a 和 b 与节流阀的油腔相通,压力为 p_m。活塞上负荷 F 增大,p_2 也增大,于是作用在减压阀阀芯右端的液压力增大,阀芯左移,减压阀的开口增大,压降减小,因而使 p_m 也增大,结果使节流阀的前、后压差 $p_m - p_2$ 保持不变。反之,亦然,这样可使通过调速阀的流量恒定不变,活塞运动的速度稳定,不受负荷变化的影响。

2. 流量阀使用注意事项

1）节流阀使用注意事项

（1）节流阀不宜在较小的开度下工作,否则极易阻塞并导致执行元件爬行。

（2）普通节流阀的进、出口,有的产品可以任意对调,但有的产品则不可以对调,具体使用时,应按照产品使用说明接入系统。

（3）行程节流阀和单向行程节流阀可用螺钉固定在行程挡块路径的已加工基面上,安装方向可根据需要而定;挡块或凸轮的行程和倾角应参照产品说明确定,不应过大。

（4）节流阀开度应根据执行器的速度要求进行调节,调后应锁紧,以防因松动而改变开度。

2）调速阀使用注意事项

（1）启动时的冲击。

如果系统启动时液压缸产生前冲现象,可在调速阀中安装能调节减压阀阀芯行程的限位器,以限制和减小这种系统启动时的冲击。也可通过改变油路来克服这一现象。

(2)最小稳定压差。

普通调速阀的最小稳定压差约为 1 MPa,中、低压调速阀的最小稳定压差为 0.5 MPa。

(3)方向性。

调速阀(不带单向阀)通常不能反向使用,否则,定差减压阀将不起压力补偿作用,此时的调速阀也相当于节流阀。

(4)流量的稳定性。

在调速阀接近最小稳定流量下工作时,建议在系统中调速阀的进口侧设置管路过滤器,以免因阀阻塞而影响流量的稳定性。

流量调整好后,应锁定位置,以免改变调好的流量。

五、液压阀典型型号及生产厂商

1. 液压阀典型型号

液压阀型号众多,采用较多的力士乐系列的型号规格如表 2-15 所示。

表 2-15　力士乐系列的型号和规格

序号	名　称	型　号	规格/mm	最高压力/MPa
1	单向阀	S	6～30	31.5
	单向阀	RVP	6～40	31.5
2	液控单向阀	SV、SL	10～32	31.5
3	手动换向阀	WMM	6、10、16	31.5
4	电磁换向阀	WE	4、5、6、10	21、31.5
5	电液换向阀	WEH	10～32	35
6	直动溢流阀	DBD	6～30	63
7	先导溢流阀	DB、DBW、YF、ECT	6～30	31.5
8	直动减压阀	DR-DP	5、6、10	31.5、21
9	先导减压阀	DR、JF、XCT	10、20、30	31.5
10	直动顺序阀	DZ-DP	5、6、10	31.5、21
11	先导顺序阀	DZ、XF	10、20、30	31.5
12	先导卸荷阀	DA、DAW	10、20、30	31.5
13	二通调速阀	2FRM	5、6、10、16	21、31.5
14	单向节流阀	MG、MK	6～30	31.5
15	平衡阀	FD	12、16、25、32	31.5
16	压力继电器	HED4、HED1		35、50

2. 液压阀生产厂商

1)力士乐系列

力士乐系列于 1980 年引进,大多符合国际标准,其生产厂商有北京华德液压工业集团有限责任公司、沈阳液压件制造有限公司、天津液压件厂、上海立新液压有限公司、济南液压件厂。

2）榆次系列

榆次系列于 1965 年引进，与 VICKERS 接近。榆次系列的生产厂商有榆次液压有限公司、四平兴中液压有限公司、武汉楚源液压件有限公司、大连液压件厂、长江液压件厂、合肥液压件厂、阜新液压件厂、南京液压件厂、镇江液压件厂有限责任公司。1992 年引进新油研系列，替代原来系列。

3）广州机床研究所系列

1966 年，广州机床研究所设计的中、低压阀，得到广泛应用，不符合国际标准。广州机床研究所系列的生产厂商有广州机械科学研究院有限公司、天津液压件一厂、南通液压件厂、上海高行液压气动成套总厂、成都液压件厂。

1987 年，共研发中、高压系列 130 多品种，3 000 多规格。广州机床研究所高压阀的生产厂商有广州机械科学研究院有限公司、南通液压件厂、上海高行液压气动成套总厂、西安液压件厂、安阳液压件厂。

4）联合设计系列

联合设计系列于 20 世纪 70 年代的我国联合设计，符合国际标准，压力为 31.5 MPa。其生产厂商有上海液二液压件制造有限公司、沈阳液压件制造有限公司、邵阳维克液压有限责任公司。

5）北部精机系列

1974 年，北部精机（中国）股份有限公司建厂于中国台北，北部精机系列于 1997 年开始大陆销售。北部精机系列的生产厂商为北部精机（中国）股份有限公司。

6）ATOS 系列

意大利 ATOS 中国代表处生产各类 ATOS 系列液压阀。

7）威格士系列

威格士系列的生产厂商有威格士液压（中国）有限公司、榆次液压有限公司、上海液压件一厂有限公司。

2.5 液压元件的维修方法

一、齿轮泵修复工艺

齿轮泵的寿命与其材料、加工工艺、装配工艺、端面间隙、轴承和安装使用情况有关。

1. 泵体的修复

由于吸油腔和排油腔的压力相差很大，齿轮和轴承都受到径向不平衡力的作用，因此泵体内壁的磨损都发生在吸油腔一侧。泵体内壁的磨损可采用电镀青铜合金工艺来修复。关于电镀工艺的具体操作，简单介绍如下。

（1）镀前处理。

电镀之前，泵体内必须用油石或金刚砂粉修整光洁。

（2）电解液配方。电解液配方如表 2-16 所示。

表 2-16　电解液配方

成分或参数	量　值	成分或参数	量　值
氯化亚铜（CuCl₂）	20～30 g/L	三乙醇胺 N(CH₂CH₂OH)₃	50～70 g/L
硅酸钠（Na₂SiO₃·H₂O）	60～70 g/L	温度	50～60 ℃
游离氰化钠（NaCN）	3～4 g/L	阴极电流密度	1～15 A/m²
氢氧化钠（NaOH）	25～30 g/L	阳极合金板	含锡 10%～20%（质量分数）

（3）镀后处理。

泵体的常用材料为 HT120～400 铸铁和铸铝合金。泵体的二支承中心距偏差为 $0.03～0.04$ mm，二支承孔中心线的不平行度偏差为 $0.01～0.02$ mm，支承孔轴线对端面的垂直度为 $0.01～0.012$ mm，支承孔本身的圆度和圆柱度误差均小于 0.01 mm，齿轮孔和支承孔的同轴度允差小于 0.02 mm，泵体内壁表面粗糙度 Ra 为 0.8 μm，轴孔表面粗糙度 Ra 为 1.6 μm，镀后应对泵体做 120 ℃恒温处理并机加工以达到上述要求。

2. 泵轴的修复

长、短轴与滚针的接触处一般容易磨损。磨损严重时，可用镀铬工艺修复。

齿轮轴的常用材料为 45 钢、40Cr、20Cr。热处理后其表面硬度为 60 HRC 左右，表面粗糙度 Ra 为 0.2 μm，圆度和圆柱度均不得大于 0.005 mm，轴颈与安装齿轮部分轴的配合表面同轴度为 0.01 mm，两轴颈的同轴度为 $0.02～0.03$ mm。

3. 齿轮的修复

1）齿形

对于可修复的齿形，用油石去除拉伤或磨去多棱形部位的毛刺，再将齿轮啮合面调换方位适当对研，可继续使用。对于用肉眼观察、能见到齿形有严重磨损的齿轮，应更换齿轮。

2）齿轮圆

对于低压齿轮泵，齿轮圆的磨损对容积效率影响不大，但对于高、中压齿轮泵，则应电镀外圆或更换齿轮。机加工时，齿形精度对于中、高压齿轮泵，为 6～7 级；对于中、低压齿轮泵，为 7～8 级；内孔与齿顶圆的同轴度允差小于 0.02 mm；两端面平行度误差小于 0.007 mm；内孔、齿顶圆、两端面表面粗糙度 Ra 为 0.4 μm。

4. 轴颈与轴承的修复

（1）对于齿轮轴轴颈与轴承、轴颈与骨架油封的接触处的磨损，磨损轻的，经抛光后即可继续使用；严重的，应更换新轴。

（2）滚柱（针）轴承座圈热处理的硬度较齿轮的高，一般不会磨损，若运转日久后产生刮伤，可用油石轻轻擦去痕迹即可继续使用；刮伤严重时，可将未磨损的另一座圈端面作为基准面将其置于磨床工作台上，然后对磨损端面进行磨削加工，并保证两端面的平行度允差和端面对内孔的垂直度允差均在 $0～0.01$ mm 范围内；若内孔和座圈均磨损严重，则应及时换用新的轴承座圈。

（3）滚柱（针）轴承的滚柱（针）长时间运转后，也会产生磨损。若滚柱（针）发生剥落或出现点蚀、麻坑，则必须更换滚柱（针），并应保证所有滚柱（针）直径的差值不超过 0.003 mm，其长度差值允差为 0.1 mm 左右，滚柱（针）应如数地充满于轴承内，以免滚柱（针）在滚动时倾斜,使齿轮运动精度恶化。

(4) 轴承保持架若已损坏或变形,应予以更换。

5. 齿轮泵的修复装配及试车

修复装配齿轮泵时,应注意以下事项。

(1) 仔细地去除毛刺,用油石修钝锐边,注意齿轮不能倒角或修圆。

(2) 用清洁剂清洗零件,未退磁的零件在清洗前必须退磁。

(3) 注意轴向和径向间隙。

现在的各类齿轮泵的轴向间隙是由齿厚和泵体直接控制的。组装前,用千分尺分别测出泵体和齿轮的厚度,使泵体厚度比齿轮厚度大 0.02~0.03 mm,组装时用厚薄规测取径向间隙,此间隙应保持在 0.10~0.16 mm。

(4) 对于齿轮轴与齿轮用平键连接的齿轮泵,其齿轮轴上的键槽应具有较高的平行度和对称度,装配后平键顶面不应与键槽槽底接触,长度不得超出齿轮端面,平键与齿轮键槽的侧向配合间隙不能太大,以齿轮能轻轻拍打推进为好。另外,齿轮轴与齿轮之间不得产生径向摆动。

(5) 在定位销插入泵体、泵盖定位孔后,方可对角交叉均匀地紧固固定螺钉,同时用手转动齿轮泵长轴,感觉转动灵活并无轻重现象时即可。

齿轮泵修复装配以后,必须对其进行试验或试车,有条件的可在专用齿轮泵试验台上进行性能试验,对压力、排量、流量、容积效率、总效率、输出功率及噪声等技术参数进行测试。

现场无液压泵试验台的条件下,可装在整机系统中进行试验。这种试验通常叫作随机试车。

二、叶片泵的维修

叶片泵的心脏零件是定子、配流盘、叶片和转子。它们均安装在泵体内,并由传动轴通过花键带动;配流盘通过螺钉固定在定子的两侧,并用销子定位。由于定子、配流盘、叶片和转子同在一个密封的工作室内,相互之间的间隙很小,所以叶片泵经常处在一种满负载的工作状态。

叶片泵本身存在密封的困油现象,若冷却不及时使油温升高,各零件热胀将润滑油膜顶破,会造成叶片泵损坏。同时,润滑油的质量差也会造成叶片泵损坏。

1. 定子的修复

叶片泵工作时,叶片在高压油及离心力的作用下,紧靠在定子曲线表面,从而因与定子曲线表面接触压力加大而使磨损增快。特别是靠近吸油腔的部分,由于叶片根部被较高的负荷压力顶住,因此定子靠近吸油腔的部分最容易磨损。

当定子曲线表面轻微磨损时,先用油石抛光,然后将定子翻转 180°安装,并在对称位置重新加工定位孔,使原吸油腔变为压油腔。

2. 叶片的修复

叶片一般与定子内环表面接触,其顶端和与配流盘相对运动的两侧易磨损。当叶片轻微磨损时,可利用专用工具装夹、修磨,以恢复其精度。

如图 2-15 所示,将叶片泵中要修复的全部叶片一次装夹在夹具中,磨两侧和两端面。叶片与转子槽相接触的两面如有磨损可放在平面磨床上修磨,并保证叶片与槽的配合间隙为 0.015~0.025 mm,并且能上下滑动灵活,无阻滞现象。叶片经修复后应装入专用夹具,修磨棱角。

修复叶片棱角时应注意,若叶片的倒角为 C1,则在修磨时倒角应达到大于 C1,基本上达到

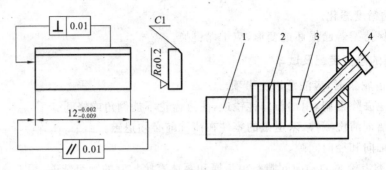

图 2-15 叶片及维修
1—底盘；2—叶片；3—压板；4—螺钉

叶片厚度的 1/2,最好修磨成圆弧形并去毛刺,这样可减少叶片在沿定子内环表面曲线的作用力的作用下发生突变现象,从而避免影响输油量和产生噪声。

3. 转子的修复

对于转子两端面的磨损,轻者用油石将毛刺和拉毛处修光、推平,严重者则用芯棒将转子放在外圆磨床上将其端面磨光。转子的磨去量与叶片的磨去量应同样多,以保证叶片略低于转子高度。同时,保证转子两端平行度在 0~0.008 mm 以内,端面与内孔垂直度在 0~0.01 mm 以内。

4. 配流盘的修复

配流盘的端面和内孔最易磨损。若端面轻微磨损,可只用粗砂布将磨损面在研磨平板上将被叶片刮伤处粗磨平,然后再用 0 号极细砂布磨平;若端面严重磨损,可以在车床上车平,但必须注意,应保证端面和内孔垂直度在 0~0.01 mm 以内,平行度为 0.005~0.01 mm,且只允许端面中凹。应注意,若车削太多,配流盘过薄后容易变形。

若配流盘内孔磨损,轻者用砂布修光即可,严重者必须调换成新的配流盘或将配流盘放在内圆磨床上修磨内孔,保证圆度和锥度在 0.005 mm 以内,并与转子单配。另外,YB 型叶片泵转子和配流盘的端面修磨后,为控制其轴向间隙,泵体也必须进行相应的修磨。

5. 叶片泵装配注意事项

(1) 装配前各零件必须仔细清洗。

(2) 叶片在转子槽内能自由灵活地移动,保证其间隙为 0.015~0.025 mm。

(3) 叶片高度应略低于转子的高度 0.05 mm。

(4) 轴向间隙控制在 0.04~0.07 mm。

(5) 紧固固定螺钉时用力必须均匀。

(6) 装配完后用手旋转主动轴,应保证平稳,无阻滞现象。

三、A11V 柱塞泵修复实例

A11V 柱塞泵是一种恒功率、变量斜盘式轴向柱塞泵,共有九个柱塞,结构形式为通轴式、轴支承缸体。

1. A11V 柱塞泵损坏的原因

1) 滑靴损坏

滑靴损坏主要由柱塞泵回程时,柱塞球头部分与滑靴间相互作用力过大造成。

2）液压介质太脏

液压介质太脏,造成各运动副不同程度的划伤,从而造成柱塞泵损坏。

2. 修复措施

（1）将柱塞泵的柱塞由实芯改为空芯。

经计算,在保持其他参数不变的情况下,将柱塞由实芯改为空芯,减小了柱塞和滑靴的总重量,也就可以减小回程力,从而减小柱塞球头和滑靴间的相互作用力,达到保证滑靴免受损坏的目的。

（2）将滑靴收口部位局部加厚。

由于滑靴与柱塞球头是铆合的,为了提高拉脱强度,可将滑靴收口部位局部加厚,将滑靴收口部位局部加厚时,要求滑靴球面位置度不大于 0.005 mm,与柱塞球头铆合时径向间隙不大于 0.001 mm,与柱塞球头接触面积不小于 70%。

（3）在柱塞上加工五个压力平衡槽。

斜盘对柱塞的反作用力的分力易引起柱塞倾斜,为避免因油液过脏引起划伤和油膜破坏引起烧伤,可在活塞上加工五个平衡槽,当活塞往复运动时,平衡槽内始终充满液压油,即使柱塞发生倾斜,也能实现静压平衡。

由于柱塞与孔之间存在一定的间隙,柱塞端部的高压油将经过间隙向低压端（泵壳）内泄漏。

机械零件的几何精度总是存在一定的偏差,使柱塞与孔之间的间隙不均匀,导致在高压油通过间隙泄漏时,产生不均匀的压降,间隙小的一侧压降大,压力低;间隙大的一侧压降小,压力高,使柱塞受力不平衡,将柱塞推向一侧,并将间隙中的油膜挤出,产生干摩擦,造成零件表面拉伤破坏,这种使零件推向一侧的不平衡力称为“液压卡紧力”,这种情况在零件的圆度和锥度超差时尤为严重。在柱塞上加工若干个平衡槽,可使柱塞圆周上的力区域平衡,消除液压卡紧力。

（4）更换液压介质,并在液压站回油管路增加回油过滤器,保持油液清洁,并对泵体的各配合面进行研磨修复,保证其配合精度。

采取以上措施后,修复后的柱塞泵使用寿命可达 3 年。

3. A11V 柱塞泵国产化应注意的问题

1）严格保证泵内零部件制造的几何精度

要保证缸体和配流盘、滑靴和斜盘之间的接触均匀,保证轴、轴承、缸体等零部件的有关部位在加工安装时的同轴度,泵体、配流盘、缸体配流面对花键、轴承孔的垂直度,配流盘两面的平行度符合要求。这是为了使泵运转时缸体和配流盘之间不出现楔形间隙,防止缸体和配流盘产生局部接触。

对于滑靴和斜盘相对接触的平面,平面度应不大于 0.003 mm。为了使回程盘压紧滑靴,工作过程中不产生撞击,要求一台泵所有滑靴的突缘厚度误差不大于 0.001 mm。

柱塞球头的位置度必须控制在 0~0.005 mm 以内,柱塞外圆和球头的同轴度、滑靴的球窝和颈部的同轴度必须控制在 0~0.003 mm 之内。

2）严格保证泵的组装精度

在零件加工精度符合要求的情况下,要选择好装配件,使零件互相匹配,并控制轴承、花键等关键部位的间隙,使泵的缸体和配流盘之间接触良好。同时,必须保证中心弹簧有足够的预压力,因为压力不够,可能会引起滑靴在离心力作用下产生颈斜,造成滑靴偏磨和烧伤。

四、低速大扭矩液压马达的修复

某进口柱塞式低速大扭矩液压马达,工作压力为 0～25 MPa,转速为 0～30 r/min,可方便地实现正反转及无级调速。经多年使用后,该液压马达出现了输出轴油封漏油、转速不稳、压力波动等故障。

经检查发现,若高压油在缸体柱塞孔和活塞之间出现窜漏,则可能有大的故障,这时可拆检液压马达,发现滚子轴承磨损严重,导致转轴偏摆变大,从而引起油封泄漏;轴承磨屑随油进入液压缸,造成活塞和液压缸配合面磨损严重并有拉伤,导致窜漏。对其修复的方法如下。

(1) 更换轴承和油封。

(2) 翻新液压缸和活塞。

液压缸内径尺寸为 123.8 mm,如果镗缸,则需要再配制活塞,加工难度大。根据经验,将成品国产柴油机标准 $\phi120$ mm 缸套改制嵌在原机座上,即可不加工缸的内孔。

具体做法如下。

① 在原机座液压缸孔的基准上找正后,将原 $\phi123.8$ mm 孔镗至 $\phi135$ mm。

② 将 $\phi120$ mm 柴油机标准缸套加工为衬套(内孔不加工)。为保证内孔不变形,制作芯轴将缸套紧固后再加工,使外径同座孔有 0～0.02 mm 的过盈。

(3) 将原活塞表面精磨后再抛光,同缸的配合间隙为 0.04～0.07 mm,然后加工宽度为 3.2 mm 的标准活塞环槽。

(4) 加工后用工装将缸套压入缸座,活塞环采用标准环。

采取上述维修方法后,因缸径比以前的小 2.5%,工作压力提高至原来的 1.06 倍左右(原工作压力为 20 MPa,现为 21 MPa 左右),可以满足使用要求。

2.6 液压泵的材料及加工工艺

以下介绍齿轮泵、叶片泵、通轴式柱塞泵及斜轴式柱塞泵的重要零件的材料、零件加工图及工艺。

一、齿轮泵的常用材料

壳体和端盖的常用材料有灰铸铁、铝合金和球墨铸铁。

齿轮和轴的常用材料有 45 钢和 40Cr。高压工况下的齿轮和轴用 20CrMnTi、20Cr 和高级渗氮钢 38CrMoAl 制造,并做碳氮共渗处理,使其表面硬度达到 60～62 HRC,淬火后还须磨光。

轴套的常用材料有 45 钢、40Cr 和铜合金(主要是锡青铜)。

二、叶片泵的材料及其主要零件的加工工艺

叶片泵的主要零件有叶片、转子、定子、配流盘和壳体。它们的材料及热处理如表 2-17 所示。

表 2-17　叶片泵主要零件的材料及热处理

零件	材　　料	热　处　理
叶片	高速钢 W18Cr4V	淬火 58～62 HRC、回火
	38CrMoAl	渗氮 65～70 HRC
转子	40Cr	淬火 58～62 HRC
	20Cr、CrNi3	渗碳淬火 58～62 HRC
定子	GCr15、Cr12MoV	淬火 60 HRC
配流盘	QT50-5、锡青铜、HT300	铸铁表面渗氮
壳体	HT300	加工前须时效处理

叶片是叶片泵的重要零件。其加工的一般技术要求如下：叶片与转子槽的配合间隙为 0.01～0.02 mm，叶片宽度比转子宽度小 0.01 mm；叶片需要研磨；滑动面的表面粗糙度为 0.1 μm，其他面的表面粗糙度为 0.2 μm，平行度误差为 0.03 μm，垂直度要求更高；叶片与槽的间隙为 0.01～0.02 mm。

配流盘的表面粗糙度为 0.2 μm。图 2-16 所示配流盘的主要加工工艺过程为：粗、精车端面和外圆，铰孔→调头粗、精车另一端面和外圆，钻定位孔和螺栓过孔，铰定位销孔→钻通油斜孔→粗磨大端面→冲压 V 型卸荷槽→时效去应力→磨两端面，振动抛光去毛刺→研磨大端面→表面软渗氮→磨外圆→研磨大端面→退磁、清洗、防锈→成品检验→入零件成品库。

图 2-16　配流盘

三、直轴式（或斜盘式）轴向柱塞泵的常用材料及加工工艺

直轴式轴向柱塞泵由传动轴、斜盘、滑靴、柱塞、缸体、配流盘和回程盘等关键零件组成。直轴式轴向柱塞泵可长期在高压、高速、高温等苛刻条件下工作，并具有很高的容积效率和总效率。

1. 柱塞与缸体

1）材料及热处理

柱塞与缸体的材料选配有两种方案：一是采用硬柱塞软缸体；二是采用软柱塞硬缸体。高压大流量柱塞泵多采用第一种方案。

硬柱塞的材料通常为 18CrMnTiA、20Cr、12CrNi、40Cr、GCr15、CrMn、9SiCr、T7A、T8A 及渗氮钢 38CrMoAlA 等。前三种材料的表面渗碳深度要求达到 0.8～1.2 mm，淬火硬度要求达到 56～63 HRC。

缸体的材料通常为 ZQSn10-1 和 ZQAlFe9-4，此外也可用耐磨铸铁或球墨铸铁等。为了节省铜，常用 20Cr、12CrNi3A 或 GCr15 作基体而在柱塞孔处镶嵌铜套，或者采用 PEEK、Torlon、POM 等工程塑料做成缸套结构，即所谓的"组合式缸体"。

若缸体采用硬的合金钢（硬度达 60～62 HRC）制造，则柱塞常用铍青铜或 QSn10-2-3 锡铅镍青铜制造。

2）工艺要求

柱塞插入部分开设均压环槽时，槽的尺寸如下：长为 0.3～0.5 mm，宽为 0.3～0.7 mm，间距为 3～10 mm。另外，槽要保持锐边，以免楔带污物，并有利于消除污物、颗粒。

柱塞渗碳淬火后要磨光,磨光后表面粗糙度 Ra 为 $0.1 \sim 0.4\ \mu m$,圆度、锥度允差小于径向间隙($0.002 \sim 0.005\ mm$)的 $1/4$。

2. 滑靴

滑靴的常用材料为耐磨的铜合金。

压在斜盘一端的支承平面上制有几条同心环槽,有时还镀有银、铟等金属减摩层,靠由柱塞中心孔引入的压力油在斜盘工作面上形成静压推力。另一端则采用滚压包球工艺与柱塞头部实现铰接。

3. 配流盘

配流盘的外形如图 2-17 所示。它与缸体的常用材料配对如表 2-18 所示。

表 2-18　配流盘与缸体的常用材料配对

材料	缸体配流表面	配流盘表面	材料	缸体配流表面	配流盘表面
青铜类	ZQSn10-1	Cr12MoV、20Cr	少许无铜类	铸铁	氮化钢
	ZQSn10-2-3	12Cr		钢	石墨
	ZQSn11-43	CrWMn		Cu-Fe 粉末冶金	铸铁
	ZQA19-4	18CrMnTiA、20Cr、Cr12Mo、GCr15		工程塑料	工程塑料、陶瓷涂层
	锡铅青铜	渗氮钢、工程塑料		渗氮钢	陶瓷涂层
	锑青铜	渗氮钢、CrWMn、工程塑料		渗氮钢	合金钢、工程塑料
	Cr12MoV	球墨铸铁			渗氮钢、工程塑料

配流盘的材料要与缸体对应选取,其中以 ZQSn10-1 的缸体与 Cr12MoV 的配流盘抗咬合能力最好。

4. 斜盘与回程盘

斜盘的外形如图 2-18 所示。它的工作表面必须平整、光滑、耐磨,并具有足够的抗压强度。为此,斜盘多用 GCr15 制造,淬火后硬度为 $58 \sim 62$ HRC,其支承轴瓦通常用 ZQA19-4 制造。

回程盘一般多用 18CrMnTi 制造,渗碳淬火后硬度为 $60 \sim 65$ HRC。

图 2-17　配流盘的外形

图 2-18　斜盘的外形

四、斜轴式轴向柱塞泵的材料及工艺

斜轴式轴向柱塞泵是功率密度极高的液压泵。它可长期工作在高压(一般为 32 MPa,有的可达 40 MPa)、高速(可高达 6 000 r/min)、高温(可连续工作在 80℃油温)等苛刻工作条件下,并具有很高的容积效率(在额定工况下可达 98％以上)和总效率(在额定工况下可达 93％以上)。为了保证斜轴式轴向柱塞泵工作状态良好,要求其壳体内所有运转的零件除应具有足够的强度、刚度外,还要有很高的尺寸精度和几何精度。

1. 主轴

主轴起着传递转矩的作用,同时在主轴的驱动盘端面上,沿圆周均匀地分布着七个"半球窝",在轴中心处也有一个"半球窝",这些球窝与连杆上的球头和中心杆上的球头构成球铰。主轴的表面粗糙度 Ra 要求不大于 0.2 μm,且不允许有螺旋形刀痕,所以主轴的制造难度很大。主轴多采用渗氮合金钢材料,如 38CrMoAl、40Cr2MoV 等制造。采用渗氮合金钢制造的主轴,在渗氮处理后,能得到高的表面硬度、高的疲劳强度及良好的抗过热、抗变形性能。有时,主轴驱动盘的球窝内壁还覆有减摩层。

目前,加工主轴上的半球窝,主要采用成形刀具或旋风铣两种方法。其中,旋风铣加工可达到的精度较高(公差带小于 0.02 mm,表面粗糙度小于 0.8 μm,球面度不大于 0.006 mm),效率高,适合批量生产,但设备成本较高。

旋风铣加工的过程如下:首先,使用球形钻头进行半球窝的粗加工,加工至距最终尺寸 0.3～0.5 mm;然后,在专用球窝旋风铣上进行铣削精加工;最后,经渗氮处理后,对半球窝进行研磨,使其达到设计尺寸要求。

2. 柱塞-连杆副

斜轴式轴向柱塞泵柱塞的材料及其机加工与直轴式轴向柱塞泵柱塞的材料及其机加工相同,此处不再赘述。连杆的材料通常为高速钢。

3. 缸体

缸体的外形如图 2-19 所示。斜轴式轴向柱塞泵的传动主轴不穿过缸体,其缸体直径较直轴式轴向柱塞泵的小,加上侧向力对缸体的倾翻作用小,故配流副的工况比直轴式轴向柱塞泵的好些,许用转速也高一些。

4. 配流盘

配流盘的外形如图 2-20 所示。斜轴式轴向柱塞泵配流盘的材料与直轴式轴向柱塞泵的材料相同,可参相关内容。斜轴式轴向柱塞泵多采用球面配流,配流盘的球面应具有很高的尺寸精度、表面质量及几何精度,即球面与球径、跳动、表面粗糙度要得到保证。

图 2-19　缸体的外形

图 2-20　配流盘的外形

第 3 章
新型液压阀介绍

◀ **本模块学习内容**

　　为了学习先进复杂的液压系统，本章介绍了多路阀、插装阀、比例阀及伺服比例阀，还介绍了力士乐 A 系列柱塞泵（马达）。

多路换向阀

液压技术已广泛应用于挖掘机、起重机、推土机、装载机、铲运机、混凝土泵车、压路机、摊铺机、叉车及压桩机、消防车、撒盐车、旋挖钻机、盾构机等工程机械。

多路换向阀是由若干个手动换向阀组合而成的方向集成阀,可配有安全溢流阀、单向阀等,用于防过载和补油等。该阀有靠螺纹连接的公共进油口和回油口;各手动换向阀有两个工作油口,以连接液压缸或液压马达;阀芯的定位方式有弹簧复位及钢球定位两种。

多路换向阀具有安装方便、换向冲击小、微调性能好、能够控制 1～8 个工作机构等优点。

多路换向阀控制回路能操纵多个执行元件运动,主要用于工程、农机、起重运输、压力机械和其他要求集中操纵多个执行元件运动的行走机械。其操纵方式多为手动操纵,当工作压力较高时,则采用减压阀先导操纵。

一、多路换向阀的型号

多路换向阀生产厂商有榆次液压有限公司、四川长江液压件有限责任公司、浙江海宏液压科技股份有限公司、上海高行液压件总厂、锦州液压件总厂、合肥长源液压件有限责任公司、大连液压件厂、江苏晨光液压件制造有限公司、上海强田液压股份有限公司等。

如图 3-1 所示为多路换向阀型号的表示方法。

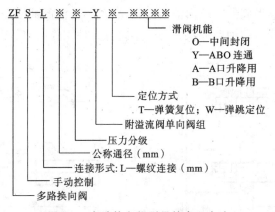

图 3-1　多路换向阀型号的表示方法

EBM12 型多路阀能够替代德国力士乐公司的 SM12 型,通径为 12 mm,压力为 E-16、F-20、G-25 MPa,机能有 A、B、O、Y、Q 型等。

SDL-15 型多路换向阀用于农业机械,并联,通径为 15 mm(60 L),压力为 E-16 MPa,O 形机能。

ZL25 型多路换向阀,L 螺纹连接,通径为 25 mm(160 L),压力为 H-32 MPa,机能有 O、Y、A、Q、M、K 型等。

DF 型多路换向阀为整体多路换向阀,通径为 25 mm(160 L)、32 mm(250 L),压力为 F-20 MPa,法兰盘连接。

二、多路换向阀的连接方式

多路换向阀控制回路按连接方式分为串联、并联、串并联等三种基本连接方式。

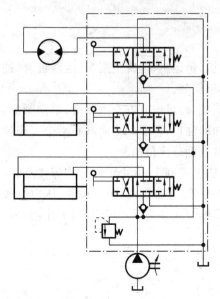

1. 并联油路

多路换向阀并联油路如图 3-2 所示。从多路换向阀进油口来的压力油可直接通到各连滑阀的进油腔,各连滑阀回油腔又都直接与总回油路相连。

并联油路的特点是,既可控制执行元件单动,又可实现复合动作。复合动作时,若各执行元件的负荷相差很大,则按其所受负荷大小,各执行元件顺序动作。

2. 串联油路

多路换向阀串联油路如图 3-3 所示。多路换向阀内第一连滑阀的回油为下一连的进油,依次下去直到最后一连滑阀。

串联油路的特点是,工作时可以实现两个以上执行元件的复合动作,这时泵的工作压力等于同时工作的各执行元件负荷压力的总和;在外负荷较大时,串联的执行元件很难实现复合动作。

图 3-2　多路换向阀并联油路

3. 串并联复合油路

多路换向阀串并联复合油路如图 3-4 所示。按串并联复合油路连接的多路换向阀每一连滑阀的进油腔都与前一连滑阀的中位回油通道相通,每一连滑阀的回油腔则直接与总回油口相连,即各滑阀的进油腔串联,回油腔并联。当一个执行元件工作时,后面的执行元件的进油道被

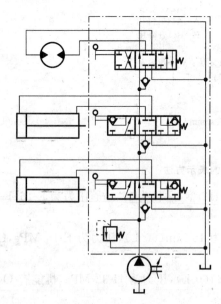

图 3-3　多路换向阀串联油路

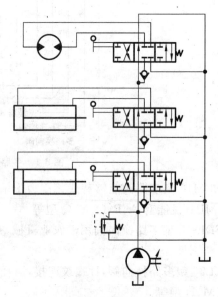

图 3-4　多路换向阀串并联复合油路

切断。因此,多路换向阀中只能有一个滑阀工作,即各滑阀之间具有互锁功能,各执行元件只能实现单动。

当多路换向阀的连数较多时,常采用上述三种油路连接形式的组合,称为复合油路连接。无论是何种连接方式,当在各执行元件都处于停止位置时,液压泵可通过各连滑阀的中位自动卸载;当任一执行元件要求工作时,液压泵又立即恢复输出压力能。

三、多路换向阀维护和使用注意事项

多路换向阀在维护和使用时注意以下四个方面。

(1)多路换向阀的工作油液过滤精度控制在 30 μm 以内。

(2)工作油温控制在 50 ℃左右,不低于－20 或超过＋80 ℃。

(3)推荐使用 30 号抗磨液压油。

(4)调整压力时,不要超过规定值。

四、多路换向阀常见故障及排除方法

多路换向阀常见故障有不能复位定位、中位时工作机构有下沉、外泄露、安全阀压力不稳定或上不去等,如表 3-1 所示。

表 3-1　多路换向阀常见故障及排除方法

故障现象	故障原因	排除方法
不能复位定位	复位弹簧变形严重	更换复位弹簧
	阀芯阀体间有污物	拆洗多路换向阀
	定位弹簧变形严重	更换定位弹簧
	定位套磨损	更换定位套
	操作机构不灵活	调整操作机构,重新拧紧连接螺钉
中位时工作机构有下沉	阀芯、阀体有磨损,间隙大	修复或更换阀芯、阀体
	阀芯位置没有对中	使阀芯位置保持对中
	钢球棱边接触不良	修复棱边或更换钢球
	锥形阀处有磨损或有污物	更换锥形阀或清除污物
外泄露	阀两端 O 形圈损坏	更换 O 形圈
	各阀体接触面间 O 形圈损坏	更换 O 形圈
安全阀压力不稳定或上不去	安全阀调压弹簧变形	更换调压弹簧
	安全阀锁紧螺母松动	拧紧锁紧螺母
	安全阀的先导阀磨损	更换先导阀
	安全阀主阀芯阻尼孔堵塞	清洗阻尼孔
	液压泵压力低	检修或更换液压泵

插装阀

一、插装阀基本工作原理

插装阀也称为二通插装阀、逻辑阀、锥阀,其典型外形如图 3-5 所示。

图 3-5　插装阀典型外形

插装阀密封性能好,动作灵敏,通流能力大(可达 18 000 L/min),抗污染,可一阀多用,易组成各式系统,结构紧凑,特别适用于高压大流量及非矿物油介质的场合。

插装阀是将其基本组件插到特别设计和加工的阀块体内,并配以盖板、先导阀所组成的一种多功能的复合阀。其典型结构及职能符号如图 3-6 所示。

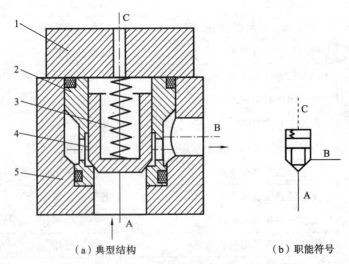

（a）典型结构　　　　　　　　　（b）职能符号

图 3-6　插装阀的典型结构及职能符号

1—控制盖板;2—阀套;3—弹簧;4—锥阀芯;5—阀块体;

A、B—进出油路;C—控制油路

插装阀由锥阀芯、阀套、弹簧和密封件等基本组件组成。因每个插装阀基本组件有且只有两个主油路通口 A 口和 B 口、一个控制油路通口 C 口,故插装阀又称为二通插装阀。

控制盖板用来固定和密封基本组件,内嵌有节流螺塞、微型先导控制元件(先导压力阀、流量控制器和梭阀等)。控制盖板用来安装先导控制阀、位移传感器、行程开关等电器附件,以及沟通控制油路和主阀控制腔之间的联系。

阀块体用来安装插装件、控制盖板和其他控制阀,以及沟通油路。

改变油口通油方式的阀称为先导控制阀。先导控制阀(本图未画出)是用来控制主阀动作的小通径普通液压阀,安装在控制盖板上。二通插装阀通过不同的先导控制阀和控制盖板可构成方向控制阀、压力控制阀、流量控制阀。

二通插装阀相当于一个液控单向阀。工作时,阀芯的受力状况是通过控制油路通口 C 口的通油方式控制的。当 C 口无控制压力油时,A、B 油口相通;当 C 口通控制压力油时,A、B 油口不相通。

阀芯除了基本形式外,还可以做成以下三种形式。

① 阀芯内设节流小孔。

② 阀芯尾部带节流窗孔(可以是三角形或矩形、梯形、双矩形等)。

③ 阀芯内有通孔等多种形式。

二、常见的插装阀

常见的插装阀有插装方向阀、插装压力阀和插装流量阀三种。

1. 插装方向阀

如图 3-7(a)、(b)所示,将控制油路通口 C 口与主油路通口 A 口或主油路通口 B 口连通,即成为普通单向阀。在其控制盖板上接一个二位三通液控换向阀(作先导阀用),即成为液控单向阀,如图 3-7(c)所示。

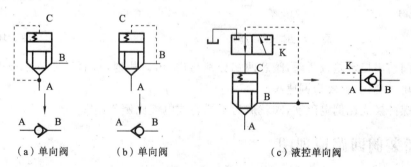

(a)单向阀　　　(b)单向阀　　　(c)液控单向阀

图 3-7　插装单向阀

如图 3-8 所示,用一个二位四通电磁换向阀作先导阀控制四个逻辑阀单元,就相当于二位四通电液换向阀。如果以 P 型三位四通电磁换向阀为先导阀,就相当于 H 型三位四通电液换向阀。

2. 插装压力阀

如图 3-9(a)所示为溢流阀的工作原理图,当 B 口通油箱时,A 口的压力油经节流小孔(此节流小孔也可直接放在锥阀阀芯内部)进入控制腔,并与先导压力阀相通。

当 B 口不接油箱而接负荷时,此时的溢流阀即为逻辑顺序阀。

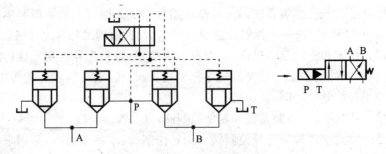

图 3-8　二位四通电液逻辑换向阀

如图 3-9(b)所示,在逻辑溢流阀的控制腔 C 处再接一个二位二通电磁换向阀后,当电磁铁断电时,阀具有溢流阀的功能;电磁铁通电时,阀即成为卸荷阀。

如图 3-9(c)所示,减压阀中的逻辑单元为常开式滑阀结构,B 口为一次压力 p_1 进口,A 口为出口,A 腔的压力油经节流小孔与控制腔 C 相通,并与先导阀进口相通。由于控制油取自 A 口,因而能得到恒定的二次压力 p_2。此时,阀相当于定压输出减压阀。

3. 插装流量阀

如图 3-10 所示,在锥阀芯上开节流三角槽,锥阀的开启高度由调节螺杆 1 来控制,从而可以调节流量,即构成节流阀。

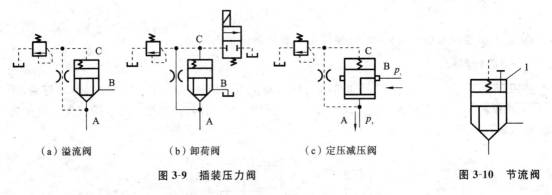

（a）溢流阀　　　　（b）卸荷阀　　　　（c）定压减压阀

图 3-9　插装压力阀　　　　　　　图 3-10　节流阀

在节流阀前串接定差减压阀,阀芯两端分别与进、出口相通,从而保证节流阀进、出口压差不随负荷变化而变化,就成为调速阀。

将手调螺杆换成比例电磁铁,阀就成为了插装式电液比例节流阀。

三、插装阀回路原理图

如图 3-11 所示为插装阀集成阀块回路原理图,可与滑阀回路图对照阅读,这里不作阐述。

如图 3-12 所示为剪板机插装阀回路原理图。关于该回路工作原理,请读者自行分析。

四、插装阀的型号

Z 系列:1976 年,济南巨能液压机电工程有限公司研制,额定压力为 35 MPa。

JK 系列:北京冶金液压机械厂生产,额定压力为 31.5 MPa。

TJ 系列:20 世纪 80 年代上海 704 所研制,中船重工重庆液压机电有限公司、上海航海仪器总厂生产。

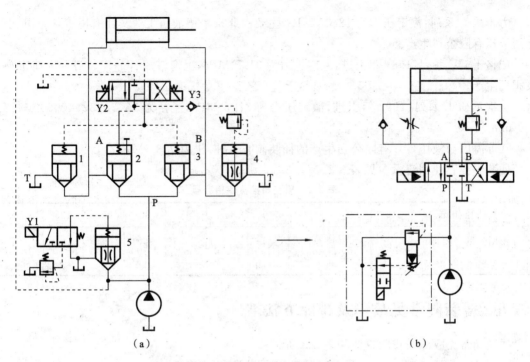

（a）　　　　　　　　　　　　　　　（b）

图 3-11　插装阀集成阀块回路原理图

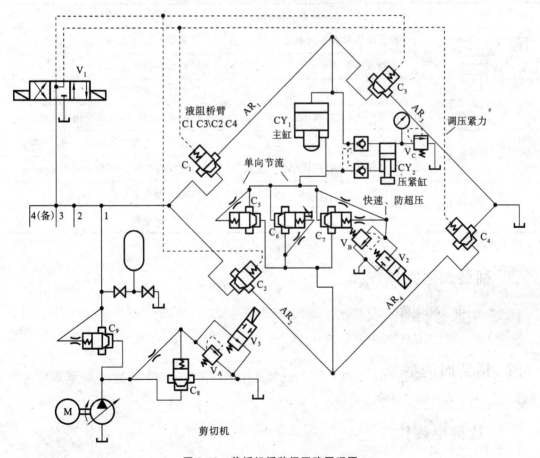

剪切机

图 3-12　剪板机插装阀回路原理图

力士乐 L 系列:额定压力为 42、35 MPa,主要由北京华德液压工业集团有限责任公司、上海立新液压有限公司生产。

威格士 CV 系列:1984 年引进,额定压力为 31.5 MPa,上海液压件一厂、二厂,天津市高压泵阀厂生产。

榆次油研 L 系列:1992 年引进,额定压力为 31.5 MPa,通径为 16、25、32、40、50、63、80、100 mm。

江苏海门市液压件厂有限公司生产的插装阀有多种,压力达 35 MPa。

插装阀推荐使用流量参见表 3-2。

表 3-2　插装阀推荐使用流量

公称通径/mm	16	25	32	40	50	63	80	100	125	160
推荐使用流量/(L/min) ($\Delta p=0.5$ MPa)	160	400	630	1 100	1 800	2 800	4 500	7 000	11 500	18 000

五、插装阀常见故障及排除方法

插装阀常见故障及排除方法如表 3-3 所示。

表 3-3　插装阀常见故障及排除方法

故 障 现 象	故 障 原 因	排 除 方 法
调压失灵	控制压力没有达到要求	调节控制压力,使其达到要求
	梭阀或液控球阀不可靠	检查并排除故障
换向不可靠	先导换向阀失常	排除失常
	插装阀的阀芯、阀体卡死	拆检、清洗、研配或更换插装阀
压力不稳定	先导压力阀不稳定	排除不稳定的原因
	插装阀的阀芯、阀体配合精度低	重新研配加工阀芯和阀体
系统过度过程不合格	阻尼孔大小不合理	重新加工阻尼孔
	阻尼器脱落	补装阻尼器

3.3　比例阀

本节介绍比例电磁铁的组成和工作原理、常见比例阀的组成和工作原理、比例阀使用注意问题、比例阀常见故障及排除方法等。

一、比例电磁铁

比例电磁铁是一种直流电磁铁,结构简单,用于各种比例阀、比例变量泵和伺服比例阀。

比例电磁铁根据法拉第电磁感应原理设计，能使其产生的机械量(力、力矩或位移)与输入电信号(电流)的大小成比例，连续地控制液压阀阀芯的位置，从而实现连续地控制液压系统的压力、方向和流量的功能。当前，应用最广泛的比例电磁铁是双向移动式比例电磁铁，如图 3-13 所示。它由线圈、衔铁、轴承、隔磁环、导套和推杆等组成。当电流通过线圈时，衔铁与轭铁间产生电磁吸引力，进而推动推杆输出机械力。双向移动式比例电磁铁输出的机械力的大小与输入电流的大小近似成正比例。

比例电磁铁的种类繁多，但工作原理基本相同。它们都是根据比例阀的控制需要开发出来的。

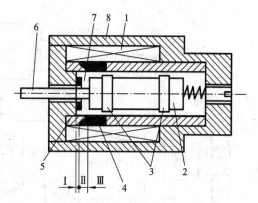

图 3-13 双向移动式比例电磁铁

1—线圈；2—衔铁；3—轴承；4—隔磁环；

5—导套；6—推杆；7—气隙；8—壳体

Ⅰ—吸合区；Ⅱ—为工作行程区(气隙)；Ⅲ—空行程区

二、常见的比例阀

常见的比例阀有直动型比例压力阀、比例流量阀等。

1. 直动型比例压力阀

直动型比例压力阀(见图 3-14)的比例电磁铁通电后产生吸力，经推杆和主弹簧作用在锥阀上，当锥阀底面的液压力大于电磁吸引力时，锥阀被顶开，溢流。在直动型比例压力阀中，主弹簧起传力作用，锥阀芯与阀座间的弹簧起防止锥阀芯撞击的作用。

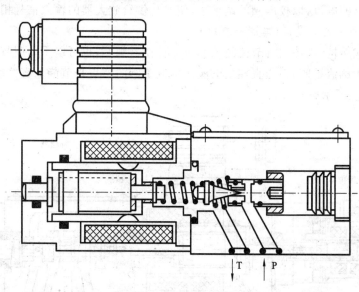

图 3-14 直动型比例压力阀

连续地改变控制电流的大小，基本上可连续按比例控制锥阀的开启压力。

2. 比例流量阀

1) 直控型比例节流阀

直控型比例节流阀(见图 3-15)的压力达 35 MPa，流量为 4～63 L/min，适用于精确度较高

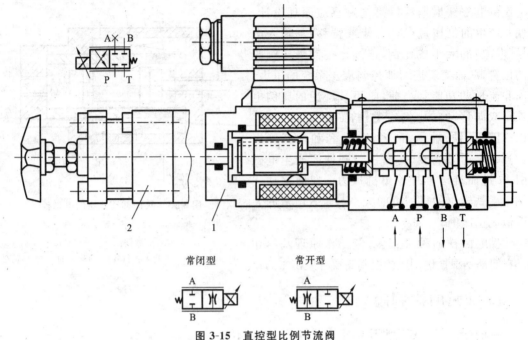

图 3-15　直控型比例节流阀

1—不带位移控制的比例节流阀；2—可选的附加手动

的速度控制系统，其非常敏感的启闭特性适用于平稳的运动控制。

　　直控型比例压力阀是通过比例电磁铁直接驱动阀芯，无压力补偿，要获得较好的动态特性，可以和压力补偿器组合使用，在负荷变化时获得理想的动态性能。通过比例放大器向直控型比例压力阀提供适当的电流，以校准阀的调整量，使之与供给放大器的输入信号相对应。

　　2）直控型电液比例流量阀（二通或三通）

　　采用方向阀式结构，阀体内有节流阀芯和压力补偿器阀芯，也可以手动调节，可构成二通或三通直控型电液比例流量阀，三通直控型电液比例流量阀的特点是节能。直控型电液比例流量阀的结构如图 3-16 所示。

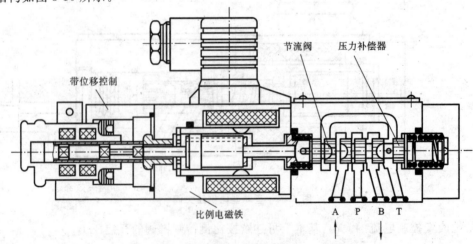

图 3-16　直控型电液比例流量阀的结构

　　在比例流量阀中，BVQ 系列比例流量阀适用于精确度较高的速度控制系统。它通过比例电磁铁直接驱动阀芯，并带有压力补偿结构，保持节流阀芯的压差恒定，在驱动负荷发生变化时可以获得比较恒定的流量。

BVQ 系列比例流量阀通过比例放大器获得适当的电流,以校准阀的调整量,使之与供给放大器的输入信号相对应。

比例流量阀的比例电磁铁的输出力作用在节流阀芯上,与弹簧力、液动力、摩擦力相平衡。改变输入电流的大小,改变节流开度,即可改变通过调速阀的流量(有压力补偿器)。

比例流量阀的符号如图 3-17 所示。

三、比例阀使用注意问题

(1) 仔细阅读厂家产品说明书,熟悉样本及有关资料。

(2) 底板安装技术要求高,必须平整光洁,固定螺栓时用力要均匀。

(3) 正确选用与比例阀配套的比例放大器,接线要仔细。

(4) 比例阀的零位、增益都设在比例放大器上,工作时应先启动液压系统,后施加控制信号。

(5) 比例阀泄油口要单独接油箱。

四、比例阀常见故障及排除方法

比例阀的污染失效一般有以下四种。

1) 冲蚀失效

冲蚀失效是由比例阀阀芯或阀套的表面更硬的颗粒冲蚀阀芯的节流棱边引起的。

如图 3-18 所示,在阀芯开口较小时,液压油中的硬质颗粒冲刷阀芯和阀套的棱边,其作用类似切削加工,当阀芯或阀套的节流棱边被损坏,成为类似钝角时,就会降低阀的压力增益,增加零位泄漏,导致控制功能失效。

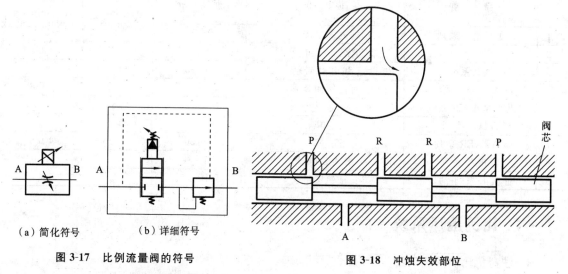

图 3-17 比例流量阀的符号　　　　　　图 3-18 冲蚀失效部位

(a) 简化符号　　　(b) 详细符号

2) 淤积失效

比例阀阀芯与阀套的配合间隙为 $2\sim6\ \mu m$。当阀芯静止并处于受压力控制时,与半径间隙尺寸接近的污染颗粒就可能随着油液的流动淤积在阀芯与阀套之间。随着污染颗粒的聚积,阀芯与阀套间的滑动摩擦力和静摩擦力逐渐加大,使阀的响应变慢。当污染颗粒聚积严重时,阀芯可能会无法动作。

3）腐蚀失效

受液压油中的水和其他含氯离子的溶剂的腐蚀，比例阀阀芯和阀套会失效，特别是污染严重时，阀的节流棱边在几小时内就会因腐蚀而失效。

4）卡阻失效

卡阻失效与阀芯、阀套的配合特性有直接关系。阀在工作一段时期后，由于阀芯并不是始终工作在全行程工况，所以阀芯、阀套出现不均匀的磨损，它们的配合间隙存在差异，阀体在工作时，受液动力的作用，产生侧向负荷，造成阀芯与阀套的卡紧，使阀芯的滑动不平稳，严重时，阀芯会卡阻在阀套内。

比例阀常见故障及排除方法如表3-4所示。

表 3-4 比例阀常见故障及排除方法

序号	常 见 故 障	排 除 方 法
1	阀的放大器电压过高烧坏或接线错误	控制电压，正确接线
2	阀的电插头与比例阀连接不良	维修至连接紧密
3	电流太大，比例电磁铁烧坏	更换电磁铁，可加限流元件
4	比例阀阀口安装方向有误	正确安装阀口
5	油液污染，使阀芯卡死	拆洗并控制污染
6	油液污染，阀内零件磨损内泄大	控制污染，零件配磨更换

五、比例阀主要品牌产品

比例阀主要品牌产品如表3-5所示。

表 3-5 比例阀主要品牌产品

	品 牌	简 介	通径/mm	供油压力/MPa	额定流量/(L/min)
1	上海液二系列	国内最早研制	8～50	31.5	～500
2	广研系列	20世纪80年代研制	6-32	31.5	～600
3	浙大系列	20世纪80年代研制有反馈	16、25	31.5	～450
4	力士乐系列	有比例插装阀	6-63	31.5	～1 800
5	北部精机 ER 系列	直动、先导	6、10、20	25	～250
6	ATOS 系列	高频响	6～50	31.5	～1 500
7	PARKER 系列	高频响	6～50	21、35	～4 000
8	伊顿 K 系列	有内装电子	03～10	21～35	～300
9	榆次 E 系列-油研	油研图纸	3、6、10、20、25	25	～500

六、比例液压系统

1. 注塑机比例液压系统

塑料注射成形机简称注塑机。它将颗粒状的塑料加热熔化成流动状态，用注射装置快速、高压注入模腔，保压一段时间，冷却凝固成型为塑料制品。其比例液压系统如图3-19所示。具体工作原理如下。

（1）合模：比例电磁铁 E_1、E_2、E_3 得电工作，双联泵卸荷。

（2）注射座前进：E_2、E_3 得电工作，3YA 得电。

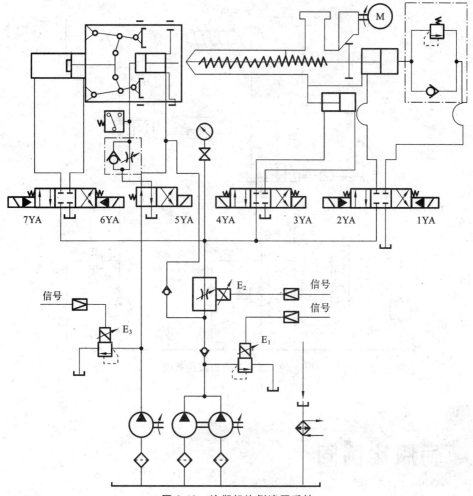

图 3-19 注塑机比例液压系统

（3）注射：E_1、E_2、E_3 得电工作，1YA 得电，注射缸左移注射。

（4）保压：E_1 失电，双联泵卸荷，注射缸保压并补塑，其余同上。

（5）预塑进料（制品冷却）：塑料的粒料通过液压马达驱动螺杆回转被带到前端，在螺杆区加热而塑化。

（6）注射座后退：E_2、E_3 得电工作，4YA 得电，注射座缸后退。

（7）慢速开模：E_1、E_2、E_3 得电工作，6YA 得电，合模缸右移开模。

（8）顶出制品：E_2 得电工作，5YA 得电，经单向节流阀，顶出缸右移顶出制品。

（9）注射缸后退：E_1、E_2 得电工作，2YA 得电，注射缸右移后退。

2. 撒盐车比例液压系统

在路面宽度和行车速度变化的恶劣工作环境下，将准确的单位面积盐量撒到路面上是撒盐车的任务。撒盐车通过撒盐马达带动螺旋输送器和输送带，将储盐箱里的盐送到撒盐转盘。

撒盐车工作时，驱动输送马达的主泵为恒压恒流复合控制泵（恒压是手动的压力，恒流是电液比例的流量）。驱动转盘马达的元件为比例三通比例流量阀（比例节流阀加定差溢流阀，其中定差溢流阀用于对系统限压防过载）。

撒盐车比例液压系统如图 3-20 所示。

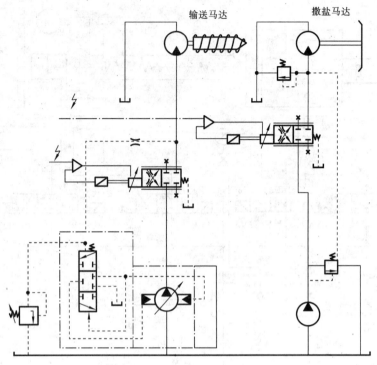

图 3-20 撒盐车比例液压系统

3.4

伺服比例阀

伺服比例阀无零位死区,频率响应比比例阀的高,可靠性、抗污染比伺服阀的高,用于生产和试验设备中的电液调节。

伺服比例阀的种类有很多。其中,4WRPH6 型直动式伺服比例阀的压力为 31.5 MPa,流量为 2~40 L/min,其结构及职能符号如图 3-21 所示。

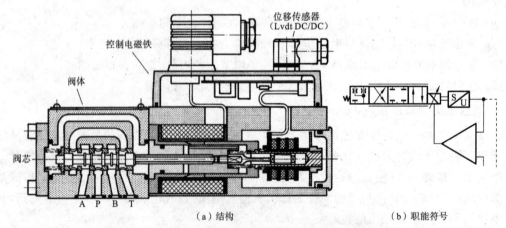

(a)结构 　　　　　　　　　(b)职能符号

图 3-21 4WRPH6 型直动式伺服比例阀的结构及职能符号

4WRPH6 型直动式伺服比例阀配有控制活塞和钢套,伺服性能可靠;单侧控制;调节电磁铁内置有位置反馈器和位移传感器的电子控制单元;阀板可单独订购。第四位的左位实现断电时安全保护。

4WRPH6 型直动式伺服比例阀的典型特性曲线如图 3-22 所示(正弦信号输入),测试条件是 HLP46 油液,油温 40±5 ℃。

伺服比例阀的电路框图、接线端子配置如图 3-23 所示,注意比例放大器必须在断电时拔插头,无线电发射机不得置于电路板 1 m 以内,不得把电磁铁线布于动力线附近等。

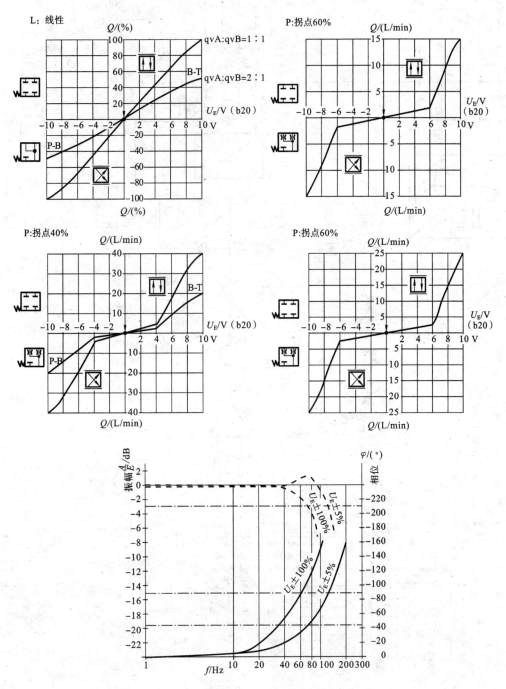

图 3-22　4WRPH6 型直动式伺服比例阀的典型特性曲线

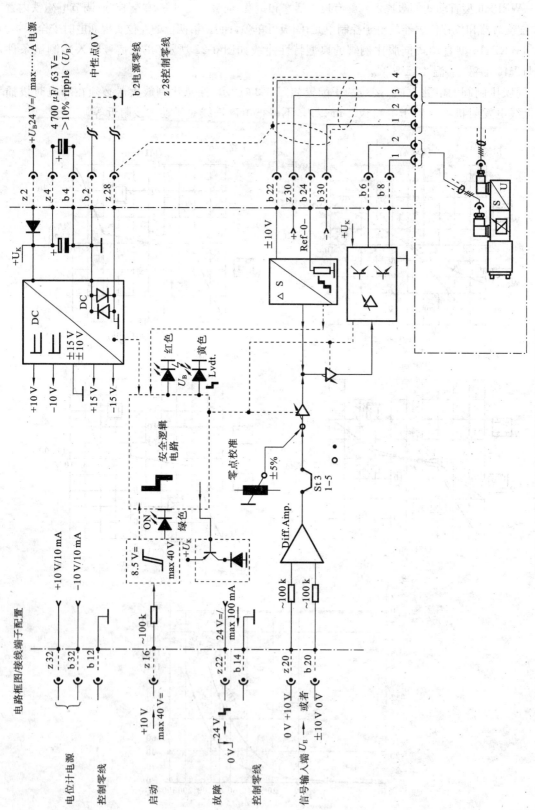

图 3-23　伺服比例阀的电路框图、接线端子配置

3.5

A 系列斜轴式、斜盘式柱塞泵（马达）

传动轴线与缸体轴线相交一个夹角的轴向柱塞泵称为斜轴式轴向柱塞泵，简称斜轴泵，也称弯轴泵、连杆泵、倾缸泵、无铰泵（无双万向铰）。它于 1930 年由汉斯·托马（Hans Thoma）研制，是一种高档、高压的长寿命的机电泵。

一、概述

1. 斜轴泵的特点

（1）额定压力为 35 MPa，最高压力达 40 MPa。

（2）带有久经考验的球面配流盘的高性能旋转组件，易实现缸体自动对中。

（3）变量方式多（有 7 种以上）。

（4）轴承寿命长，耐冲击。

（5）柱塞受力状态较斜盘式柱塞泵的好，寿命长，噪声低。

（6）自吸性比斜盘式柱塞泵的好，进油口油压不小于 0.08 MPa 即可。

（7）方便的机电一体化控制，可比例电控、数字变量控制等。

2. 斜轴泵使用注意事项

（1）正确选用介质，可使用抗燃油。

（2）油液污染度控制在 9 级以下（NAS 1638 标准），要求高时，控制在 8 级以下。

（3）油温可达 90 ℃，但一般不大于 70 ℃。

（4）泵进油口油压须不小于 0.08 MPa。

（5）安装液压泵（马达）时，其壳体边缘应低于油箱最低液面。

（6）使用斜轴泵时，G、R、X_1、X_2 等油口要堵死或连接。

3. 使用须知

（1）进口压力：0.08 MPa。

（2）补油压力：0.2～0.6 MPa。

（3）最高允许壳体压力：0.2 MPa（T 油口）。

（4）温度范围：−25～80 ℃。

（5）黏度范围：10～1 000 cSt（短时），最佳黏度范围是 16～36 cSt。黏度选择图、黏度等级选择分别如图 3-24、表 3-6 所示。

（6）油液精度：推荐使用 10 μm（污染度控制在 NAS 1638 标准的 8 级以下）精度的油液，25～40 μm（9 级）精度的油液也可以使用，但磨损加大。

（7）转速：不低于 50 r/min，一般为（额定转速）1 450 r/min。

（8）安装位置：任选，但壳体必须始终充满油液。

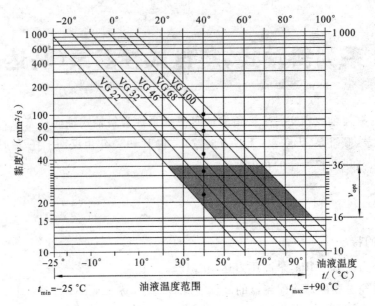

图 3-24　黏度选择图

表 3-6　黏度等级选择

工 作 温 度	推荐黏度等级	符合标准 DIN 51519
30～40 ℃	VG 22	at40 ℃
40～50 ℃	VG 32	at40 ℃
50～60 ℃	VG 46	at40 ℃
60～70 ℃	VG 68	at40 ℃
70～80 ℃	VG 100	at40 ℃

二、A 系列斜轴式、斜盘式柱塞泵（马达）结构原理及变量控制回路

1. A2F 斜轴式柱塞泵结构原理

A2F 斜轴泵转速高，重量轻，压力高达 35 MPa，排量为 80 L/min，转速为 2 240 r/min，质量为 33 kg。

A2F 斜轴泵结构如图 3-25 所示。它主要由主轴 1、连杆 2、柱塞 3、缸体 4、配流盘 5、轴承组等零件组成，如图 3-26 所示。

A2F 斜轴泵原理如图 3-26 所示，当主轴 1 带动连杆柱塞副 2、3 高速旋转时，由于主轴轴线与柱塞组（或缸体 4）旋转中心有一摆角 γ（倾角），通过连杆拨动缸体旋转，强制带动柱塞在缸体孔内作往复运动。每个柱塞底部与缸体形成的密封容积从配流盘窗口 a 口吸油、从窗口 b 口压油，旋转一周，吸、压油各一次。

A2F 斜轴泵是靠摆动缸体来改变倾角 γ 而实现变量的。因而允许的倾角 γ_{max} 较大，A2F 斜轴泵的变量范围较大。一般情况下，斜盘泵的最大斜盘角度为 20°左右，最大倾角可达 40°。

斜轴泵的排量与斜盘泵的相同，计算公式为

$$V = z \cdot \frac{\pi d^2}{4} \cdot D \tan\gamma$$

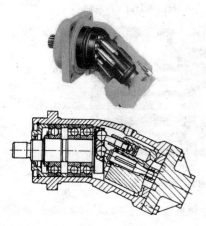

图 3-25　A2F 斜轴泵

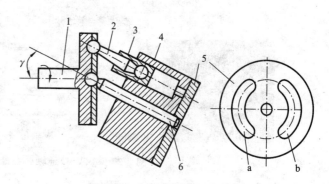

图 3-26　A2F 斜轴泵工作原理
1—主轴；2—连杆；3—柱塞；4—缸体；5—配流盘；6—中心轴

式中　z——柱塞数目；

　　　d——柱塞直径，mm；

　　　D——柱塞孔的分布圆直径，mm；

　　　γ——斜轴倾角，°。

A2F 斜盘倾角为 20～45°，温度为 30～80 ℃。

结构型式有：1、2、3、4、5、6、6.1。1、2 为闭式泵或马达，3、4 为开式泵，5 为排量大，6 为锥形柱塞，6.1 为改进结构型式。

A2F 斜轴泵最大倾角为 45°，锥形柱塞取代了连杆销，无连杆设计，噪音更低；采用推力滚柱圆锥轴承，寿命长些；柱塞上采用了活塞环密封。

A2FE 斜轴泵采用内藏式马达结构，一般安装在齿轮箱内，驱动履带等，紧凑，不需要考虑安装公差。排量为 55、80、107、125、160 L/min，可双向旋转。

A2V 斜轴泵是一种双向变量泵，采用摆缸结构，排量大于 55 L/min，双金属缸体，但笨重少用。

2. A4V 通轴式斜盘柱塞泵结构原理

力士乐系列 A4V 通轴式斜盘柱塞泵的额定压力达 40 MPa，峰值压力为 45 MPa，排量为 28～250 mL/r，寿命长，工作可靠，常用于闭式回路，如重型行走机械等。带压力切断为 A4V 通轴式斜盘柱塞泵的标配。有 NV（无控制）、DG（直接液压控制）、EZ（电气两点控制）、HD（与先导压力有关的液压控制）、HW（机械伺服控制）、ED（电气比例控制）、DA（与转速有关的液压控制）等。

通轴式斜盘柱塞泵种类繁多，有定量式、变量式、带辅助泵的变量式和带辅助泵的串联双泵等。

如图 3-27 所示为 A4VSO 通轴式变量斜盘柱塞泵，它由主轴、斜盘、滑靴、柱塞、缸体、配油盘、泵盖、压盘、泵体及变量机构等组成，其工作原理与 CY 型斜盘柱塞泵相似。A4V 通轴式斜盘柱塞泵已取得自立专利，具有壳体整体式铸造、单臂摇摆变量机构、球面配流方式、控制阀叠加布置、柱塞与缸体成锐角、双合金三对摩擦副、控制阀叠加布置、增压式后盖结构、陶瓷耐磨环、长寿命设计等特点。工作时，变量杆单臂带动斜盘摆动从而输出变量，它利用球面配流盘配流，柱塞轴线与主轴中心线倾斜，柱塞组因离心力的原因产生一向缸孔外的分力而靠向斜盘。

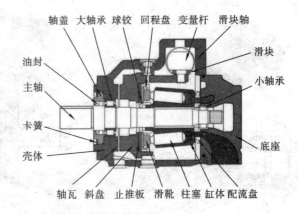

图 3-27 A4VSO 通轴式变量斜盘柱塞泵

A4V 结构较复杂加工不方便。

如图 3-28 所示为带辅助泵的 A4V 通轴式斜盘柱塞泵结构。

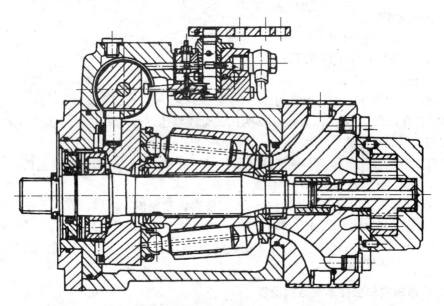

图 3-28 带辅助泵的 A4V 通轴式斜盘柱塞泵结构

如图 3-29 所示为力士乐 A4V 通轴式斜轴柱塞泵 DA 控制。它是一种与发动机转速或自动行驶有关的控制系统。内置 DA 控制阀芯产生一个与泵(发动机)驱动转速成比例的先导压力,该先导压力经减压阀稳压后,由一个由电磁铁操作的三位四通换向阀传至泵的定位缸上,泵的排量在液流的各个方向均可无级调节,并同时受泵的转速和排油压力的影响,液流的方向由电磁铁 a、b 控制。

3. A6V、A6VM 和 A8V 斜轴式轴向柱塞变量泵(马达)

A6V、A6VM 斜轴式轴向柱塞变量泵(马达),适用于闭式回路和开式回路的静压驱动,用于行走机械和工业领域,多作为马达用,它具有以下优点。

(1)调节范围宽,变量马达满足高转速和大扭矩的要求。

(2)排量实现无级可调。

(3)马达输出转速与流量成正比而与排量成反比。

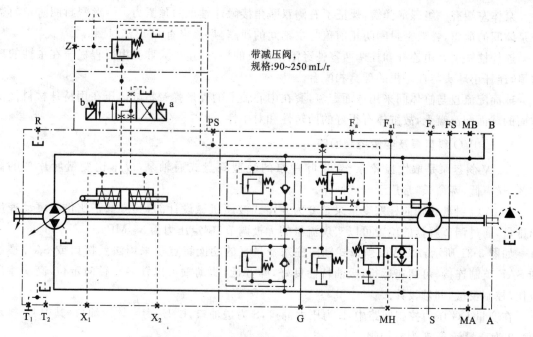

图 3-29　力士乐 A4V 通轴式斜盘柱塞泵 DA 控制

（4）输出扭矩随马达高低侧的差值增加及马达的排量变大而增大。

（5）马达变量调节范围较宽，斜轴的摆角范围大，单向变量为 7°～25°。

（6）省去了齿轮变速箱，结构紧凑，功率重量比大。

（7）轴承系统寿命长，有良好的启动特性，惯量小、噪声小。

A8V 斜轴式轴向柱塞变量泵是一个壳体、两套机芯、一套变量机构（7°～25°）的斜轴式轴向柱塞双联泵，专为挖掘机设计。

A6V 斜轴式轴向柱塞变量马达、A8V 斜轴式轴向柱塞变量泵的外形分别如图 3-30（a）、（b）所示。

（a）A6V斜轴式轴向柱塞变量马达

（b）A8V斜轴式轴向柱塞泵

图 3-30　A6V 斜轴式轴向柱塞变量马达、A8V 斜轴式轴向柱塞变量泵的外形

4．A7V 斜轴变量泵结构原理

A7V 斜轴变量与 A2F 斜轴泵的机芯统一，可互换，但多了一套变量机构。

如图 3-31 所示为 A7V 斜轴变量泵及变量 DG 压力控制回路。主轴左侧设有深沟球轴承，右侧有成对的双联角接触球轴承，保证了泵的长寿命设计、低噪声、抗冲击。

泵体左端有一组碟形弹簧,保证了右侧双联角接触球轴承的预紧力。O形密封圈防止前盖与泵体间的泄露,骨架密封圈防止前盖与主轴间的泄露,后盖也有O形密封圈。

连杆柱塞副是由连杆和柱塞两零件经滚压而成的构件,连杆大球头由回程板压在主轴的球窝里,连杆小球头与柱塞里的球窝相配合。

球面配流盘与缸体间采用球面配流,套在中心轴上的碟形弹簧将缸体压在用特殊材料做的球面的球面配流盘上,故缸体有很好的回转性和对中性。

5. A10VO斜盘泵及变量控制回路

A10V斜盘泵是取代齿轮泵、变量叶片泵的轻型斜盘式通轴泵,成本比变量叶片泵的高20%,噪声低,寿命长,常用于开式回路。

A10VO斜盘式轴向柱塞变量泵是专为开路式液压机械设计的,其流量正比例于驱动速度和排量,通过调节斜盘的位置可以实现流量的无极调节,额定压力为35 MPa。

如图3-31所示,A10VO斜盘式轴向柱塞变量泵的功能特点是采用法兰接口或SAE螺纹和SAE英制连接,可高速运行,吸油特性良好,噪音低,驱动轴可以轴向和径向定位,高功率质量比,控制灵敏,同轴设计。

在变量DG压力控制回路中,B为压力油口,S为进油口,L、L_1为壳体泄油口(其中L_1被堵死),2为变量活塞,3为液控阀。

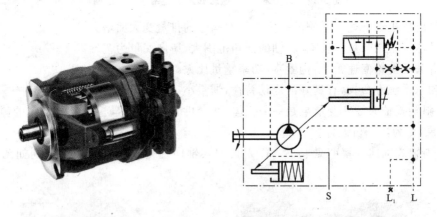

图3-31　A10VO斜盘式轴向柱塞变量泵及变量DG压力控制回路

6. A11VO通轴式斜盘柱塞泵及LRDS变量控制回路

A11VO是轻型通轴式斜盘柱塞泵,常带有各种控制阀。

通过控制泵的变量活塞来调节泵的输出流量,节流阀起负载感应作用,即负载增大,泵的输出流量也增大,以满足需要。

7. 旋转斜盘式柱塞泵

如图3-32所示为旋转斜盘式柱塞泵的结构。该泵为阀配流式,具有噪声低、效率高、可靠性高和使用方便的特点,用于一般工业机械的开式液压系统。

当柱塞3由回程弹簧5的弹性力顶着向左外伸时,底盖7上对应的排油座阀6由于腔内油压和自身弹簧的共同作用而关闭,柱塞腔出现负压,从缸体中部的吸油环槽吸油;当旋转斜盘2迫使柱塞右行并关闭吸油环槽后,柱塞腔中的油液即被压缩,打开排油座阀6,压力油得以输出。

日本川崎精机株式会社生产的K3VG系列旋转斜盘式柱塞泵,设有高精度电液伺服调节

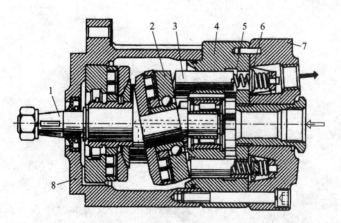

图 3-32 旋转斜盘式柱塞泵的结构

1—传动轴；2—旋转斜盘；3—柱塞；4—缸体；5—回程弹簧；6—排油座阀；7—底盖；8—壳体

器，能够实现压力控制、流量控制、功率控制及复合控制等，额定压力达 34 MPa，排量范围为 63～560 mL/r。

旋转斜盘式柱塞泵的优点是旋转部件的转动惯量较小，主要缺点是旋转斜盘的倾角调节制造比较困难。

8. 德、日水压泵（马达）介绍

德国 Hauhinco 公司生产的海水液压泵流量为 20～700 L/min，工作压力可达 32 MPa，已广泛应用于焊接机器人、金属压力成形设备、海底管道敷设及维护系统等海洋开发机械设备。其中 EHK-3K 系列三柱塞泵流量可达 700 L/min，工作压力可达 80 MPa，功率可达 200 kW，用阀配流，采用油水分离润滑的结构。该公司在其原来乳化液用泵——五柱塞 RKP 系列径向定量泵的基础上，改变了一些关键部位的配合间隙和使用材料制成新型泵。该泵采用平板阀配流，用于海水传动。其配流阀体、柱塞球头、滑靴和柱塞套均采用碳纤维增强高分子塑料，对偶材料是耐蚀合金，所有运动部件均处于海水中润滑。

1983 年，为了调节浮力，使深潜调查船能在 6 000 m 深的海洋中升降自如，日本川崎重工业技术研究所研制了超高压海水液压泵（流量为 6～9 L/min）。该泵缸体固定，斜盘转动，采用单向阀配流和油水分离式结构，其缸体和柱塞均为双重结构，即缸体内部是陶瓷衬里，外部是不锈钢基体；柱塞是在不锈钢芯上等离子喷涂熔融陶瓷制成，具有很高的弯曲强度和耐磨性。对偶材料是 Al_2O_3 和 $Al_2O_3 \cdot TiO_2$。在工作压力为 63 MPa 状态下试验时，阀滞后造成的泄漏损失为 2.7%，试验后的配流阀无明显的磨损和异常现象，柱塞和缸体上可见均匀的光泽。

1991 年，日本小松制作所研制出端面配流轴向柱塞式海水液压泵，用于开发和驱动海洋水下作业机械手的海水液压系统。该泵配流盘采用碳纤维增加复合材料，缸体端面采用陶瓷，所有运动部件均处于海水中润滑。该泵结构紧凑，工作压力可达 21 MPa，流量可达 30 L/min，单位重量功率（比功率）大（0.65 kW/kg），总效率高（92%）。

日本萱场株式会社研制的端面配流轴向柱塞式海水液压泵为三柱塞斜盘旋转，径向轴承为陶瓷滚珠轴承，轴向轴承为陶瓷螺旋动压轴承，柱塞、滑靴、斜盘等滑动部分采用陶瓷和工程塑料制造。该泵的工作压力为 21 MPa，排量为 7.05 mL/r，容积效率达 85%，转速为 1 800 r/min，机械效率为 90% 以上。

第4章
液压系统的故障类型

◀ **本模块学习内容**

　　液压系统故障类型有压力失控、速度失控、动作失控、泄露、振动与噪声异常、温度升高异常、液压卡紧、冲击与气蚀等。了解液压系统的故障类型,有助于在液压系统出现故障后及时找出故障原因,以最快的速度排除故障。

4.1 压力失控

液压设备的压力失控是液压系统最常见的故障,主要表现为系统无压力、系统压力不高、系统压力居高不下且调节无效、系统压力漂移与波动,以及卸荷失控等。

一、系统无压力

1. 系统压力突然下跌至零并无法调节

系统压力突然下跌至零并无法调节多数情况下是调压系统本身的问题。出现此种故障时,应从以下几个方面去找原因:溢流阀阻尼孔被堵住;溢流阀的密封端面上有异物;溢流阀主阀芯在开启位置上卡死;卸荷换向阀的电磁铁烧坏,电线断或电信号未发出;对于比例溢流阀,还有可能是电控制信号中断。

2. 设备在停开一段时间后重新启动,压力为零

出现此种故障的可能原因如下:溢流阀在开启位置锈结;电动机反转;液压泵因过滤器阻塞或吸油管漏气未吸上油。

3. 设备经检修、元件经装拆更换后出现压力为零的现象

出现此种故障的可能原因有:液压泵未装紧,不能形成工作容积;液压泵内未装油,不能形成密封油膜;换向阀阀芯装反;换向阀装反。如果液压系统中有 U 型换向阀,一旦装反,便会使系统泄压。

二、系统压力不高

系统压力不高一般是由内泄漏引起的,主要原因有以下四个。
(1) 液压泵磨损,形成间隙,调不起压力,同时也使输出流量下降。
(2) 溢流阀主阀阀芯与配合面磨损,控制压力下降,引起系统压力下降。
(3) 执行元件磨损或密封损坏,使系统压力下降或无法保持原来的压力。
(4) 系统内与系统压力相关的阀、阀板存在缝隙,形成泄漏,使系统压力下降。

三、系统压力居高不下且调节无效

系统压力居高不下且调节无效一般都是溢流阀的问题,即溢流阀失灵。如果溢流阀主阀阀芯在关闭位置上卡死或锈结,必然会出现系统压力上升且无法调节的症状。

当溢流阀的先导控制油路被堵死时,控制压力剧增,系统压力也会突然升高。

四、系统压力漂移与波动

系统压力漂移是指系统压力不能在调定值上稳定,随运行时间发生变化。系统压力波动是指系统的压力出现明显的振动。

1．引起系统压力漂移的原因

（1）油温的变化。

油温上升可使油液的黏度降低，引起系统压力变化。

（2）系统设计不合理。

如液压泵过大，而实际负荷流量较小，大部分油液经溢流阀溢流，引起系统节流发热，油液的黏度降低，导致系统压力下降。

（3）系统中存在泄漏口，也会因节流发热而使系统压力漂移。

（4）系统冷却能力不好或失效引起系统压力下降。

（5）溢流阀的调节螺栓松动引起系统压力下降。

（6）比例压力阀因控制电路的参数漂移，引起信号的漂移，最终引起控制压力的漂移。

2．系统压力波动的原因

（1）溢流阀磨损、内泄漏严重等。

（2）溢流阀内混入异物，其内部状态不确定，引起压力不稳定。

（3）油液内混入空气，系统压力较高时气泡破裂，引起振动。

（4）导轨安装及润滑不良，引起负荷不均，继而引起系统工作压力波动。

（5）液压泵磨损，如叶片泵定子内曲线磨损、泵轴承磨损等均会引起明显的压力波动与噪声，且症状随着工作压力的升高而加剧。

（6）柱塞式液压马达产生脱落与撞击现象，引起系统压力波动。

五、卸荷失控

液压系统一般通过换向阀控制溢流阀或采用 M 型中位机能的换向阀来实现卸荷。

通过溢流阀卸荷的液压系统，卸荷失控的主要症状是卸荷压力不为零，其原因是溢流阀主阀芯不能完全打开。

当溢流阀主弹簧预压缩量太大时，弹簧过长或主阀阀芯卡滞等都会造成卸荷不彻底。

当换向阀卡死，不能充分打开时，也会使系统压力不能正常卸荷。

M 型中位机能的换向阀装反、换向阀复位弹簧折断、阀芯不回中位是采用中位机能换向阀的回路卸荷失控的主要原因。

比例压力阀在未得到控制信号时自动卸荷，比例阀的主阀弹簧调得过紧不能充分卸荷也是液压系统卸荷失控的表现。

4.2

速度失控

液压系统的速度（转速）失控，主要表现为液压爬行、速度慢、速度不可调、速度不稳等。

一、液压爬行

液压爬行就是液压缸在低速下运动时产生时断时续的运动现象。

爬行现象的实质是当一物体在滑动面上作低速相对运动时,在一定条件下产生的停止与滑动相交替的现象,它是一种不连续的振动。爬行现象容易产生在滑动面润滑不良、传动系统刚性低的低速运动系统中。

1. 爬行原理分析

当物体在滑动面上移动时,摩擦力 F 取决于正压力 F_N 和摩擦系数 μ,即 $F=\mu F_N$。摩擦系数 μ 的数值取决于摩擦面表面粗糙度、摩擦面材料性质、摩擦面间的润滑条件、相对运动速度及摩擦面运动前的停止时间等。

如图 4-1 所示为当两相对滑动面为金属并有液体润滑时,摩擦系数 μ 随速度(dx/dt)变化的规律。

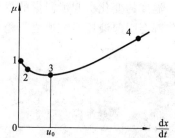

从点 2 随着速度的增加,摩擦系数 μ 减小,一直减小至最低点 3 为止。这一阶段就是摩擦力降落特征,也就是运动物体产生振动的主要原因。摩擦系数 μ 随速度增加而下降的原因,主要是润滑条件的变化。物体静止时,两润滑面间的润滑油被挤出,呈干摩擦或近于干摩擦,物体运动时,润滑剂不断增加,两润滑面间由干摩擦转化为半干摩擦,直至速度增加到点 3,完全转化为湿摩擦,这时两金属面间建立了一层油膜,被油分子隔开。

图 4-1 摩擦系数 μ 随速度(dx/dt)变化的规律

当速度继续增大时,自点 3 到点 4,摩擦系数 μ 随速度的增加而变大。这时摩擦力有正阻尼性质,能阻止物体产生高速振动。

油液刚度不稳定,特别是液压系统中混入一定的空气,空气的可压缩性使油液也具有一定的可压缩性,从而导致油液刚度减小。而油液刚度越大,产生爬行的可能性就越小。

2. 爬行的原因

爬行是液压系统中常见的问题。引起爬行的直接原因如下。

(1)油内混入空气,引起执行元件动作迟缓,反应滞后。

(2)压力调得过低或调不高或漂移下降时,若负载加上各种阻力的总和与液压力大致相当,执行元件则表现为似动非动。

(3)系统内压力与流量过大的波动引起执行元件运动不稳定。

(4)液压系统磨损严重,工作压力增高则引起内泄漏显著增大。

(5)导轨与液压缸运动方向不平行,或导轨拉毛、润滑条件差、阻力大,会使液压缸运动困难且不稳定。

(6)电路失常也会引起执行元件运动状态不良。

例如,当行程开关接触不良时,供给电磁铁的电信号也可能是断断续续的,由此引起换向阀不能可靠地开启,并使执行元件的运动不稳定。

二、其他速度失控问题

1. 速度慢

液压系统运动速度慢的原因如下:液压泵磨损,容积效率下降;换向阀磨损,产生内泄漏;溢流阀调节压力过低,使大量的油经溢流阀回油箱;执行元件磨损,产生内泄漏;系统中存在未被发现的泄漏口;串联在回路中的节流阀或调速阀未充分打开,或其他原因使油路不通畅;系统的负载过大,难以推动。

2. 速度不可调

液压系统速度不可调一般是流量控制阀卡死、锈死等原因引起的。调速阀本身损坏自然也无法调速。如果电液比例调速阀的电气信号不能调节,也无法调速。

3. 速度不稳定

温度的变化引起泄漏量的变化、节流阀的节流口存在一个低速稳定性问题、液压系统混入空气都会引起液压系统速度不稳定。

4.3 动作失控

动作失控主要表现在动作不能按设定的秩序起始与结束、出现意外的动作和动作不平稳等。

一、动作不能按设定的秩序起始

液压系统动作不能按设定的秩序起始的直接原因是换向阀没有正常开启,可能的影响因素如下。

(1)换向阀阀芯卡死。

(2)换向阀顶杆弯曲。

(3)换向阀电磁铁烧坏。

(4)电线松脱。

(5)控制继电器失灵,使电信号不能正常传递,或是电路方面的其他原因使电信号中断。

(6)操作不当。

若有的液压设备的开关与按钮没有处在正确的位置,便会使控制信号被切断。例如,注塑机的安全门打开以后,不能实现闭模运动,因为这时安全门将闭模运动的控制电路与控制油路切断了。

(7)油液通道中任何一处出现意外堵塞,如串联在回路中的节流阀、调速阀卡死,无法实现正常动作,执行元件也不能正常启动。

(8)液压动力源不能由泄卸状态转入工作状态,执行元件不能运动。

二、动作不能按设定的秩序结束

液压系统动作不能按设定的秩序结束一般是由换向阀不能及时关闭引起的,其可能原因如下。

(1)换向阀卡死,阀芯不能复位。

(2)换向阀弹簧折断,阀芯不能复位。

(3)换向阀的电信号未能及时切断(如继电器故障等)。

三、出现意外的动作

液压系统出现意外的动作主要是由换向阀故障与电信号故障引起的。可能的原因如下。

（1）换向阀的阀芯装反。

如果两位换向阀的开闭位置颠倒了，便会出现未通电便有动作的现象。

（2）换向阀内部磨损严重，压力油可以从其缝隙进入液压缸的两腔，如果液压缸是单活塞杆的，则活塞两边的受力面积不等，但两腔的油压力是相等的（$p_1 = p_2$），故液压缸的活塞受到了一个方向朝向有杆腔的作用力，并朝这一方向缓慢移动。

（3）由于电路的故障，电磁铁得到了错误的电信号，引起执行元件误动作。

四、消除动作秩序混乱缺陷的措施

液压系统是按照程序自动进行工作的，工艺要求各个动作必须在预定的时刻和位置准确地启动与结束。手动操作的液压系统也有动作秩序要求。液压系统正确的动作秩序是其正常运行的基本条件，但真正使用时液压系统常出现动作秩序偏离甚至混乱的情形。可采取以下措施消除动作秩序混乱。

1. 提高控制信号的准确性

液压动作的起始与结束是由控制信号控制的，这些信号包括人工操作信号、位置信号、压力信号和时间信号。

（1）提高人工操作信号的准确性。

提高人工操作信号准确性的重要途径是采取防误操作措施。

以注塑机为例，为了防止操作人员在未关安全门的情况下操作注塑机，要设锁定措施，使机器只有在关上安全门以后才能进入自动运行状态。注塑机还设有调模锁定措施，当进行调模操作时，其他操作无法进行。

（2）提高位置信号的准确性。

行程阀、行程开关等提供的位置信号必须准确、可靠。

（3）提高压力信号的准确性。

要提高压力信号的准确性，压力传感器的精确度和可靠性要提高，还要防止液压冲击（可在压力传感器前加设阻尼器以衰减液压冲击）。另外，压力传感器安装位置要正确。

在液压系统中，压力传感器将始终如一地向电气控制器发送压力信号，但只有在特定的情况下和特定的时刻，控制器才拾取压力信号作为控制信号。因此，在设计电气控制系统时，一定要注意限定压力信号输入控制器内部的时机，以防压力信号搅乱控制系统的秩序。

例如，在注塑机自动程序中，锁模动作结束和注射动作开始是由压力信号控制的。当锁模压力达到调整值时，压力继电器便接通控制器的输入信号电路，控制器根据此信号发出指令，结束锁模并开始注射。在注射阶段，锁模压力可能有所下降，降至低于调定值时，压力继电器便切断控制器的输入信号电路。这时，如果没有限定措施，注塑机有可能中断注射，重新开始锁模，这样势必引起混乱。解决问题的办法是，在注射程序中设置锁定指令，使压力变化不影响注射的正常进行。

（4）提高时间信号的准确性。

定时器要有数字显示，以便调整与修改。在设计液压装置的电气控制器时，要注意限定定时器的作用时机,以防它发出错误的通/断信号,搅乱自动程序。

2. 提高液压系统本身的准确性

(1)选用高精度和高可靠性的液压控制阀。

(2)合理设计液压回路。

应注意采取有效措施防止各类液压冲击对压力继电器和顺序阀的作用和影响;防止各液压回路之间的相互干扰;正确设计各液压阀的泄油管路,使液压阀泄油通畅,确保液压阀工作机能正常。

(3)防止液压油污染。

4.4

泄露防治

一、液压系统的泄漏及其防治

1. 液压系统的泄漏

液压系统的泄漏可分为两种类型:一种是内部泄漏;一种是外部泄漏。

1)外部泄漏

压力管道的泄漏很容易被发现,但泵的吸油管泄漏却很难检测到。如果出现以下某一现象,则可能是发生了系统吸油管泄漏。

① 液压油中有空气气泡。

② 液压系统动作不稳定,出现爬行现象。

③ 液压系统过热。

④ 油箱压力增高。

⑤ 泵噪声异常。

需要指出的是,软管接头不要过度地旋紧,以免增加泄漏。

2)内部泄漏

液压系统中元件的磨损会使液压系统内部产生泄漏。鉴别内部泄漏的简单办法是测试系统满载和空载时的工作周期。假如满载时的工作周期比空载时的工作周期长很多,那么就有可能是泵发生了内部泄露,以致效率降低。

2. 泄漏的防治

1)控制压力的大小

压力越高,发生泄漏的可能性就越大。同时,设计的工作压力在液压系统工作过程中不应随便调整或改变。

2)控制温度的变化

油温升高不仅会使油液的黏度降低,使油液泄漏量增加,还会使密封元件加快老化、提前失效,引起严重泄漏。

油箱设计要合理。油箱中液压油的温度允许值为 $55\sim65\ ℃$,最高不得超过 $70\ ℃$。当自然冷却的油温超过允许值时,就需要在回油路设置水或风冷却器。

3)保持液压油的清洁度

液压油中的杂质能使液压元件滑动表面的磨损加剧,液压阀的阀芯卡阻、小孔堵塞,密封元件损坏等,从而造成液压阀损坏,引起液压油泄漏。

因此,液压系统中应采用滤油装置,保证油液的清洁度符合国家标准。

4)合理地选择密封装置

合理选择密封装置,能提高设备的性能和效率,延长密封装置的使用寿命,从而有效地防止泄漏。

5)其他措施

液压元件的加工精度、液压系统管道连接的牢固程度及其抗振能力、设备维护状况等,也都会影响液压设备的泄漏。所以应综合考虑这些方面,以防止泄漏。

二、密封失效原因分析

引起外部泄漏的主要密封失效原因如下:液压缸活塞杆与端盖之间的密封失效;换向阀两端的密封失效,换向时油液外溅;阀与阀板及阀与阀之间接处密封失效;液压泵或液压马达旋转轴密封失效;油管及管接头连接松动;活动油管的密封元件损坏或安装存在误差等。

引起内部泄漏的主要密封失效原因是液压元件内部液流通道之间的密封损坏。这类损坏可能是有关零件或密封元件磨损,也可能是阀或阀板因铸造砂眼、裂缝或加工失误引起的流道串通。

1. 密封元件的损坏

密封元件损坏是密封失效的主要原因和直接原因。它包括以下几种形式。

1)磨损

密封元件磨损是由密封元件与金属表面滑动产生摩擦引起的。油内金属类污染物、金属过高的表面粗糙度、装得太紧等因素会加速这种磨损。

2)缝隙挤压变形

密封元件在高压下产生液化现象,并进入密封面的缝隙,发生缝隙挤压如图 4-2 所示。缝隙挤压导致密封元件出现损坏、表面撕裂或破碎现象,还可能出现塑性变形现象。加密封挡圈可以避免密封元件缝隙挤压变形现象。

3)翻转

使用唇形密封元件时,唇形密封元件的一部分会从沟槽中被挤出。高压作用在唇形密封元件的沟槽根部时,密封唇被切开或压断,此时在摩擦力的作用下,密封元件被翻过来并从密封沟槽里脱出,致使密封元件完全损坏。

4)谷部开裂

唇形密封元件的谷部是应力集中处,受到压力冲击时,容易裂开,如图 4-3 所示。

5)扭转

当唇形密封元件在运动中产生较大的摩擦力时,可能产生唇形密封元件整圈或局部的扭转。

6)偏磨

密封元件偏心、密封支持面偏心、往复运动件与密封元件配合面有部分拉毛、密封元件受到径向负荷等,均会引起密封元件偏磨。

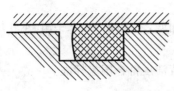

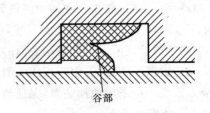

图 4-2　缝隙挤压变形　　　　　　图 4-3　谷部开裂

7）材料老化

因密封元件使用时间太长、保存太久或其他原因发生氧化而变硬、变脆、失去弹性等，密封作用大大降低。

8）密封元件质量差

密封元件质量差主要表现在以下三个方面。

① 外观质量差，表面粗糙，尺寸与几何误差大。

② 旋转轴唇形密封元件弹簧尺寸误差大，并造成松动。

③ 密封材料的耐油性能差，老化速度快，保存期短，压缩后产生永久变形。

2. 产品结构不合理

产品结构不合理主要表现在密封方式选择错误、密封元件形状及材料选择错误、参数设计错误、密封支持面或接触面设计错误等。有些 O 形密封圈的安装沟槽太深，使 O 形密封圈的压缩量不足，遇到这种情况应重新设计制作密封沟槽。

密封元件安装孔口没有倒角和去毛刺，引起密封元件在安装时被剪切与划伤。另外，零件机械加工质量差，会引起砂眼与裂缝、表面不平、油路串通等。

3. 装配使用不当

装配使用不当主要表现在以下七个方面。

① 野蛮装配致使密封元件损坏。

② 装配环境不清洁，致使杂质被带进密封部位。

③ 密封元件没有安装在正确位置上，使其被压坏。

④ 密封元件安装的精度不足，引起偏心，一边紧一边松。

⑤ 管接头没有装密封胶。

⑥ 少装螺钉。

⑦ 密封元件密封方向装反。

除上述三大方面的原因外，工作条件恶劣（高温、高速、高压）引起密封元件老化过速，失去弹性，产生泄漏，维护保养不及时、不彻底，该换的密封元件未换，液压冲击太大，将管接头振松等，都会造成密封件失效。

三、密封技术

1. 采用高性能的密封材料

液压密封材料常用合成橡胶和合成树脂。其中，合成橡胶具有优良弹性和机械强度，又有较好的耐油性和耐热性。合成橡胶中，丁腈橡胶耐油性好，应用也最广泛。常用国产合成橡胶、用于密封元件的国产树脂分别如表 4-1、表 4-2 所示。

表 4-1　常用国产合成橡胶

材料名称	使用温度/℃	主要特点	应用范围
丁腈-26	−30～+120	耐油、耐热、耐磨性好	在耐油密封件中获得广泛应用,大量用于 O 形圈、油封及唇形圈中
丁腈-40	−20～+120	耐燃料油汽油及低苯胺点的矿物油	适用于耐油性较高的 O 形圈和油封
聚氨酯橡胶	−30～+80	耐油、耐磨,不耐热与高速,遇水易分解,怕酸碱	主要用于往复运动的 U 形、V 形与 Y 形密封圈
氟橡胶	−20～+230	耐油、耐热、耐腐油,但不耐寒,压缩后易产生永久变形,不适合酮酯类溶剂	可用作耐高温及高腐蚀的油封与 O 形圈及高真空的 O 形圈
硅橡胶	−65～+250	耐热、耐寒、耐油,压缩后不易永久变形,机械强度低	适用于高、低温下旋转密封元件,不适合低苯胺点的矿物油和含低压添加剂的齿轮油
聚丙烯酸酯橡胶	−20～+150	耐热、耐油性能均优于丁腈橡胶	用于温度高的液压密封场合

表 4-2　用于密封元件的国产树脂

材料名称	应用范围
填充聚四氟乙烯	耐热、摩、磨及各种腐蚀,用于制造密封挡圈、支承环、压环和防漏胶带等;使用温度为 −26～260 ℃
聚酰胺(尼龙)	耐磨性极佳,适用于制造密封挡圈、支承环、压环,三元尼龙、丁腈橡胶并用,可以改善密封性能
聚甲醛	适用于制造 O 形、U 形、V 形圈及挡圈

　　需要指出的是,在腐蚀严重和温度较高的情况下,宜采用其他材料的密封元件。

　　选用密封材料时,要注意其与液压液的适应性。常用密封材料与液压液的适应性如表 4-3 所示。

表 4-3　常用密封材料与液压液的适应性

材料/介质	抗磨液压油	高水基液	油包水乳化液	水-乙二醇	磷酸酯合成液
聚四氟乙烯	+	+	+	+	+
丁腈橡胶	+	+	+	+	−
聚氨酯橡胶	+	+	−	−	0
氟橡胶	+	+	+	+	+

注:表中+适应;−不适应;0有限适应。

2. 合理选择密封结构形式

各种密封结构形式如图 4-4 所示。不同的密封结构适用于不同的应用场合。

在此简要介绍各种密封结构形式的特点及应用。

1) V 形圈

V 形圈是使用普遍的一种密封圈,如图 4-4(a)所示。它的优点是耐高压性能好,持久性好,

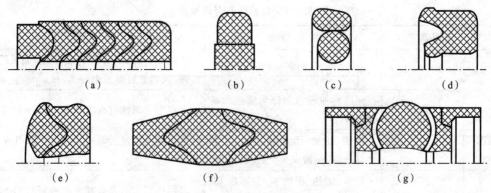

$$(a) \qquad (b) \qquad (c) \qquad (d)$$

$$(e) \qquad (f) \qquad (g)$$

图 4-4　各种密封结构形式

寿命长,密封性能良好,可根据工作压力的高低来确定密封环的个数,并可调整压盖来补偿密封元件的工作磨损;缺点是结构复杂,体积及摩擦阻力大。V 形圈的摩擦阻力随着密封环个数的增多而显著增大,因此只适用于速度较低的液压缸。

对于国产 V 形圈,无论是压环、支承环,还是密封环,均采用夹织物制造。而有的进口 V 形圈材料采用丁腈橡胶或氟橡胶与夹织物相间的形式制造。低压时,橡胶起主要的密封作用,夹织物的硬度较高,起支承作用;而高压时,夹织物密封环起主要的密封作用。这种形式的 V 形圈适用于工作压力变化范围较大的液压缸。

2) 斯特圈、格来圈

如图 4-4(b)、(c)所示,斯特圈和格来圈通常在液压缸中配套使用,分别用于孔和轴的密封。它们都是由一个特种聚四氟乙烯密封环和一个提供预压缩力的 O 形圈组成的。由于特种聚四氟乙烯是一种自润滑、摩擦系数很低的材料,因此这两种密封圈的摩擦系数均很低,且动、静摩擦系数相当接近,同时有极佳的定形性能和抗挤出性能,寿命长,运动时无爬行现象。

如欲提高斯特圈、格来圈工作可靠性,可采用两个斯特圈、两个格来圈进行密封,保证"绝对无泄漏"。此时,由于并没有压力到达第二个密封圈,因此摩擦力不会显著增加。

3) Yx 形圈

Yx 形密封圈属于唇边密封件,它依靠略张开的唇边尖部贴于密封面保持自密封,如图 4-4(d)所示。当有液压力作用时,两唇张开紧贴密封面。Yx 形密封圈的特点是密封性能可靠,摩擦阻力小,稳定性好,结构简单,拆装方便,使用寿命较长。一般情况下,它不用任何附件,可直接装入安装槽内。

4) 蕾形圈

蕾形圈是由 U 形夹织物橡胶圈和丁腈橡胶圈压制黏合而成,如图 4-4(e)所示。蕾形圈具有一般 Y 形圈的一切优点,其最突出的优点是低压时依靠丁腈橡胶密封,高压时 U 形夹织物橡胶圈变形较大,可提高接触应力,从而实现密封。蕾形圈的摩擦阻力小,不易磨损。

5) 鼓形圈

鼓形圈是两边为 U 形圈,中间为模压成形的丁腈橡胶圈,如图 4-4(g)所示。丁腈橡胶圈与缸筒内孔为过盈配合,以形成低压密封;高压时,橡胶夹织物 U 形圈的唇部产生自紧作用,形成二次密封。鼓形圈的摩擦阻力小,不易磨损,属于双向密封,因此可以减短活塞长度。鼓形圈只适用于剖分式活塞。

6) 双向紧密型密封圈

双向紧密型密封圈由酚醛或聚甲树脂挡圈、夹布丁酯橡胶环和丁腈橡胶体组成,如图 4-5 所示,其特点是它的唇部是一个具有唇尖的凹槽,能够承受两个方向的压力,故可用于双向密封。双向紧密型密封圈结构简单,性能可靠,摩擦阻力小,寿命长,尤其适用于高压长行程液压缸。

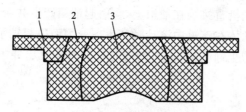

图 4-5 双向紧密型密封圈

1—酚醛聚甲树脂挡圈;2—夹布丁酯橡胶环;3—丁腈橡胶体

3. 改善密封状况

(1)防止液压油污染,避免污染物混入密封部位,加剧密封元件的磨损。

(2)消除液压系统振动与冲击,以防密封元件被损坏。

(3)避免液压系统的高温、高压和高速。

(4)改进与密封元件接触的滑动表面,使其变得足够光滑,由此避免密封元件被擦伤。

(5)除去密封元件安装支持结构的锐角与毛刺,提高密封支持面及有关配合件的尺寸精度。

4. 改进液压系统的连接方式

(1)改进液压元件的连接方式。

将阀板连接或管式连接改为集成块式连接,将油路布置在阀块内,减少外露管接头和油管的数量,由此减少泄漏点。这是减少泄漏的有效途径。

(2)改进液压管道。

对于改进液压管道,通常采取的主要措施有以下三个。

① 缩短液压管道的长度,加装管夹等防止管道的损坏。

② 将滑动油管改为软管。

③ 在高温环境中,用耐高温液压油管取代普通油管。

(3)改进液压管接头。

有些管接头密封性较差,可在其适当部位加密封元件。

4.5 振动与噪声异常

液压系统在运行时产生的振动与噪声超过了正常状态,说明系统存在异常。

振动与噪声的诊断与排除是液压技术中较复杂的问题。液压系统的振动与噪声分为机械振动与噪声和流体振动与噪声。

1)机械振动与噪声

机械振动与噪声是由零件之间发生接触、冲击和振动引起的。

(1)高速回转的电动机、液压泵和液压马达,会产生周期性的不平衡离心力,引起转轴的弯曲振动,因而产生振动与噪声。

（2）电动机和液压泵同轴度低也会引起振动与噪声。

（3）如果液压泵和电动机直接装在油箱上,会引起油箱产生共振与噪声。

（4）滚动轴承中的滚动体在滚道中滚动时产生交变力而引起轴承环固有振动,产生噪声。

（5）电磁铁吸合时会产生蜂鸣声,换向阀阀芯移动时会发出冲击声,溢流阀在泄压时阀芯会产生高频噪声。

2）流体振动噪声

从液压阀里喷出的高压流体,会在喷流和周围流体之间产生剪切流、紊流或涡流,由此产生高频噪声。

突然关闭阀门,高压流体会在管内形成一个很高的压力峰值,即液压冲击,从而引起巨大的振动与噪声。因突然关闭阀门而引起的流体振动与噪声有时会大到足以使液压系统损坏的程度。

一、振动与噪声的来源

1. 液压泵的振动与噪声

液压泵有多种振动与噪声,它们产生原因与机理差异很大。

（1）液压泵的运动件磨损,轴向、径向间隙过大,会引起压力与流量的脉动,同时使噪声增大;液压泵的压力波动也会使阀件产生共振,因而使噪声增大。

液压控制阀节流口开口小、流速高,易产生涡流,有时阀芯撞击阀座,同样会加大振动。产生这种现象时,可换成小规格的控制阀,或将节流口开大。

另外,油液的黏度太高,吸油过滤器阻塞或油面过低,会引起泵吸油困难,产生气穴,引起严重的噪声。

（2）电网的电压或负载发生变化会使液压泵的出口压力和管路压力波动,引起液压泵的振动和噪声。这是外因引起的流量与压力波动所产生的流体振动与噪声。要使液压泵的噪声最低,电网容量要足够大。在选择液压泵时,在保证所需的功率和流量的前提下,应尽量选择转速低的液压泵,也可选用复合泵;提高溢流阀的灵敏度,增设卸荷回路等也可以降低噪声。

（3）轴向柱塞泵由于油液污染、吸油不畅,会引起滑靴与斜盘干摩擦,发出尖厉的声响。另外,轴向柱塞泵的柱塞卡死或移动不灵活也会引起振动。

（4）叶片泵转子断裂、叶片卡死,会引起压力波动及噪声。

一般情况下,齿轮泵与轴向柱塞泵的噪声比叶片泵的噪声大得多。

2. 液压马达的振动与噪声

液压马达的振动与噪声主要有下列几种情形。

（1）轴承及零件部件磨损。

（2）液压马达传动轴与负载传动轴的连接不同轴。

（3）轴向柱塞式液压马达因结构原因产生脱缸与撞击。

3. 溢流阀的振动与噪声

在各类阀中,以溢流阀的噪声最为突出,尤其是大型溢流阀。主要原因有以下几种。

（1）阀座损坏,阀芯与阀孔配合间隙过大,阀芯因内部磨损、卡滞等引起的动作不灵活造成振动。

（2）压力由调压手轮调定后，如调压手轮松动，则压力会产生变化，并引起噪声，所以压力调定后手轮要用锁紧螺母锁牢。

（3）调压弹簧弯曲变形也可能引起噪声，当其振动频率与系统频率接近或相同时，就会产生共振。

4. 其他阀类元件引起的振动与噪声

（1）换向阀换向时产生的振动与噪声。

① 快速换向，引起压力冲击，产生波及管道的机械振动与噪声。

② 换向阀铁芯与衔铁杆吸合端面有污物，吸合不良，产生振动与噪声。

③ 换向阀电磁铁与衔铁杆吸合端面凸凹不平，吸合不良，产生振动与噪声。

④ 衔铁杆过长或过短导致振动与噪声。

避免或减少快速换向、清洁换向阀铁芯与衔铁杆吸合端面、改善端面平整度、校正衔铁杆长度，可减少换向阀产生的振动与噪声。

（2）电磁铁的振动与噪声。

电磁铁因阀芯卡滞、电信号断断续续、电磁阀两个电磁铁同时通电而产生明显的振动与噪声。

（3）控制阀的气穴作用会产生流体振动与噪声。

解决这类噪声的办法是提高节流口下游侧的背压，使其高于空气分离压力的界值。也可用多节减压的办法防止气穴现象的发生。

（4）控制元件之间的连接松动，也能引起电磁铁的振动与噪声。

5. 管道的振动与噪声

刚性管道安装不牢靠，或过长的管道没有合适的支承座，会产生明显的振动与噪声，且系统压力越高，振动与噪声越严重。

由于谐振，管网有时会产生严重的破坏性剧烈振动。液压泵产生的流量脉动经过管路的作用，形成系统压力脉动。

6. 液压系统中混入空气而产生振动与噪声

液压油在大气压下一般溶解了 5％～6％ 的空气，而且气体在油液中的溶解度与压力成正比。

7. 装配、操作与维修不当产生振动与噪声

如果长时间不开机，在开机前应对液压泵、马达注满清洁的液压油。最好每周开机一次。

二、振动与噪声的防治与改进措施

1. 改进液压装置的安装方式

（1）正确安装液压泵。

安装液压泵与电动机时，要注意将同轴度误差控制在 0.02～0.05 mm 以内，并采用柔性联轴器。

（2）正确安装管道。

硬管的两端应用软管相连。

2. 改进液压系统的结构

（1）采用低噪声的液压元件。

（2）减少液压泵的数量。

（3）在系统中设置蓄能器。

（4）在系统中设置消振器和液压滤波器。

3．油液的正确选择和使用

正确选择和使用油液可以减少液压系统的振动与噪声。

4．防止液压冲击

如果液压系统产生液压冲击，会带来较大的振动与噪声。故采取一定的措施防止液压冲击，可以减少液压系统的振动与噪声。

4.6 温度升高异常

液压系统内部泄漏及运动部件的相互摩擦力会导致系统功率损失。这部分损失的系统功率均转化成热量被系统的油液及元器件吸收，使系统温度升高。

一、系统的发热量和散热量分析

液压系统散热时，各串联液阻所起的作用不同，大液阻起的作用大，小液阻起的作用小，故计算时可以忽略小液阻，而且在增强散热时必须先设法减小最大的液阻。

1．计算液压系统的发热功率

液压系统工作时，除执行元件驱动外载荷输出有效功率外，其余功率损失全部转化为热量，使油温升高。液压系统的功率损失主要有以下几种形式。

（1）液压泵的功率损失。其计算公式为

$$P_{\text{h1}} = \frac{1}{T_{\text{t}}} \sum_{i=1}^{z} P_{ri}(1 - \eta_i) t_i$$

式中　T_{t}——工作循环周期（s）；

　　　P_{ri}——液压泵的输入功率（W）；

　　　η_i——各台液压泵的效率；

　　　t_i——第 i 台泵的工作时间（s）；

　　　z——投入工作的液压泵的台数。

（2）液压执行元件的功率损失。其计算公式为

$$P_{\text{h2}} = \frac{1}{T_{\text{t}}} \sum_{j=1}^{m} P_{rj}(1 - \eta_j) t_j$$

式中　P_{rj}——液压执行元件的输入功率（W）；

　　　η_j——液压执行元件的效率；

　　　t_j——第 j 个液压执行元件的工作时间（s）；

　　　m——液压执行元件的数量。

（3）溢流阀的功率损失。其计算公式为

$$P_{h3} = p_y q_y$$

式中　p_y——溢流阀的调整压力（MPa）；

　　　q_y——经过溢流阀流回油箱的流量（m^3/s）。

（4）油液流经阀或管路的功率损失。其计算公式为

$$P_{h4} = \Delta p q$$

式中　Δp——阀或管路的压力降（MPa）；

　　　q——流经该阀或管路的流量（m^3/s）。

由以上各种损失构成了整个系统的功率损失，即液压系统的发热功率为

$$P_{hr} = P_{h1} + P_{h2} + P_{h3} + P_{h4}$$

上式适用于回路比较简单的液压系统。对于复杂系统，由于功率损失的环节太多，一一计算较麻烦，通常用下式计算液压系统的发热功率：

$$P_{hr} = P_r - P_c$$

式中　P_r——液压系统的总输入功率；

　　　P_c——液压系统输出的有效功率。

液压系统的总输入功率 P_r、液压系统输出的有效功率 P_c 的计算公式如下。

$$P_r = \frac{1}{T_t} \sum_{i=1}^{z} \frac{p_i q_i t_i}{\eta_i}$$

$$P_c = \frac{1}{T_t} \left(\sum_{i=1}^{n} F_{w_i} S_i + \sum_{j=1}^{m} T_{w_j} W_j t_j \right)$$

式中　p_i、q_i、η_i、t_i——第 i 台泵的实际输出压力、流量、效率、工作时间；

　　　F_{w_i}、S_i——液压缸外负荷及驱动此负荷的行程，（N、m）；

　　　T_{w_j}、W_j、t_j——液压马达的外负荷转矩、转速、工作时间（N·m、rad/s、s）；

　　　n、m——液压缸、液压马达的数量。

2. 计算液压系统的散热功率

液压系统的散热渠道主要是油箱表面，但如果系统外接管路较长，则计算发热功率时，也应考虑管路表面散热。液压系统散热功率的计算公式为

$$P_{hc} = (K_1 A_1 + K_2 A_2) \Delta T$$

式中　K_1、K_2——油箱散热系数、管道散热系数；

　　　A_1、A_2——油箱、管道的散热面积（m^2）。

油箱散热系数 K_1 和管道散热系数 K_2 的取值分别如表 4-4、表 4-5 所示。

表 4-4　油箱散热系数 K_1

冷却条件	$K_1 / (W/(m^2 \cdot ℃))$
通风条件很差	8～9
通风条件良好	15～17
用风扇冷却	23
循环水强制冷却	110～170

表 4-5　管道散热系数 K_2

$K_2/(\text{W}/(\text{m}^2 \cdot \text{℃}))$	管道外径/mm		
风速/$(\text{m} \cdot \text{s}^{-1})$	10	50	100
0	8	6	5
1	25	14	10
5	69	40	23

若系统达到热平衡,则 $P_{hr} = P_{hc}$,油温不再升高,此时,液压系统的最大温差为

$$\Delta T = \frac{P_{hr}}{K_1 A_1 + K_2 A_2}$$

设环境温度为 T_0,则油温 $T = T_0 + \Delta T$。如果计算出的油温超过该液压设备允许的最高油温(各种机械允许油温见表 4-6),就要设法增大散热面积。如果油箱的散热面积不能加大,或加大也无济于事时,需要装设冷却器。装设冷却器的散热面积应为

$$A = \frac{(P_{hr} - P_{hc})}{K \Delta t_m}$$

式中　K——冷却器的散热系数;

　　　　Δt_m——平均温升,℃。

Δt_m 的计算公式为

$$\Delta t_m = \frac{(T_1 - T_2)}{2} - \frac{(t_1 - t_2)}{2}$$

式中　$T_1 - T_2$——液压油入口和出口温度差,℃;

　　　　$t_1 - t_2$——冷却水或风的入口和出口温度差,℃。

表 4-6　各种机械允许油温

液压设备类型	正常工作油温/℃	最高允许油温/℃
数控机床	30~50	55~70
一般机床	30~55	55~70
机车车辆	40~60	70~80
船舶	30~60	80~90
冶金机械、液压机	40~70	60~90
工程机械、矿山机械	50~80	70~90

3. 根据散热要求计算油箱容量

液压系统的最大温差 ΔT 是在初步确定油箱容积的情况下,用来验算其散热面积是否满足要求的。当系统的发热量求出之后,可根据散热的要求确定油箱的容量。

由液压系统最大温差 ΔT 的计算公式可得油箱的散热面积为

$$A_1 = \frac{\dfrac{P_{hr}}{\Delta T} - K_2 A_2}{K_1}$$

若不考虑管路的散热,上式可简化为

$$A_1 = \frac{P_{hr}}{\Delta T K_1}$$

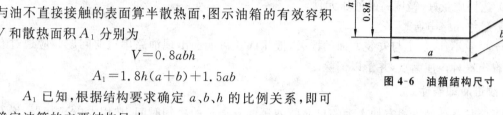

油箱主要设计参数如图 4-6 所示。一般油面的高度为油箱高 h 的 0.8 倍。与油直接接触的表面算全散热面,与油不直接接触的表面算半散热面,图示油箱的有效容积 V 和散热面积 A_1 分别为

$$V = 0.8abh$$

$$A_1 = 1.8h(a+b) + 1.5ab$$

图 4-6　油箱结构尺寸

A_1 已知,根据结构要求确定 a、b、h 的比例关系,即可确定油箱的主要结构尺寸。

如果按散热要求求出的油箱容积过大,远超出用油量的需要,且又受空间尺寸的限制,则应适当缩小油箱尺寸,增设其他散热措施。

二、液压油温升高的主要原因

液压系统油温及元件表面温度升高的主要原因有以下三点。

1. 液压系统设计不当

(1) 油箱容量太小,散热面积不够。

(2) 系统中没有卸荷回路,在停止工作时液压泵仍在高压溢流。

(3) 油管太细太长,弯曲过多,或者液压元件选择不当,使压力损失太大等。

(4) 有些是属于制造上的问题,如元件加工装配精度不高,相对运动件间摩擦发热过多,或者泄漏严重、容积损失太大等。

2. 液压系统使用不良

(1) 环境温度高,冷却条件差,油液的黏度太高或太低,调节的功率太高,液压系统混入异物引起堵塞等,也会引起油温升高。

(2) 液压泵内因油污染等原因吸不上油引起干摩擦,会使泵内产生高温,并传递到液压泵的表面。

(3) 电磁阀没有吸合到位,使电流增大,引起电磁铁发热严重,并烧坏电磁铁。

3. 液压元件磨损或系统存在泄漏口

当液压泵磨损时,大量的泄漏油从排油腔流回吸油腔,引起节流发热,致使液压系统油温升高。其他液压元件的情形与此相似。

三、降低油温的方法

1. 合理设计液压系统

(1) 尽量选用功率较小的液压泵,以减小溢流损失和发热量。

(2) 尽量减少液压泵带负荷运行的时间。

液压系统设计时,要注意使液压泵尽量地处于低压状态或卸荷状态。需要时,可采用双泵系统。

(3) 尽量简化液压系统。

尽量减少元件数,缩短液压管道的长度,减少管道口径突变和弯头的个数,少用节流调速方式而多用容积调速或容积节流调速方式,减少各种沿程损失与局部损失。

2. 消除各种内泄漏

(1)选用质量好、精度高的液压元件。

(2)避免油路串通。

由于材质不佳、加工与安装方面的原因,液压阀块可能会出现油路串通的问题。应通过有效途径查出这种内泄漏点,并予以消除。

3. 改进冷却条件

改进冷却条件的方法有加大油箱尺寸使液压油有更长的冷却时间、选用大的冷却器、增设冷却器等。

4.7 液压卡紧、冲击与气蚀的诊断与防止

液压系统中常出现液压卡紧、液压冲击与气穴现象等对系统造成危害的现象。了解其产生的原因,有利于及时采取措施,将其对液压系统的伤害降至最小。

一、液压卡紧

1. 液压卡紧的危害

污物、毛刺等侵入液压元件滑动配合间隙,造成阀卡住的现象称为机械卡紧。液体流过阀芯阀体(阀套)间的缝隙时,作用在阀芯上的径向力使阀芯卡住,叫作液压卡紧。产生液压卡紧时,会导致下列危害。

(1)轻度时,使液压元件内相对移动件(如阀芯、叶片、柱塞、活塞等)运动时的摩擦增加,造成动作迟缓,甚至动作错乱。

(2)严重时,使液压元件内的相对移动件完全卡住,不能运动。如换向阀不能换向,柱塞泵柱塞不能运动而实现吸油和压油等。

2. 产生液压卡紧和其他阀卡现象的原因

(1)阀芯外径、阀体(套)孔几何公差大,有锥度,且大端朝着高压区,或阀芯阀孔失圆,且装配时又不同心,存在偏心距,导致压力油通过时产生一向上的径向不平衡力(合力),使阀芯加大偏心上移;阀芯上移后,上缝隙缩小,下缝隙增大,向上的径向不平衡力增大,最后将阀芯顶死在阀体孔上。

(2)因加工和装配误差,阀芯在阀孔内倾斜成一定角度,压力油经上、下缝隙后,上缝隙值不断增大,下缝隙值不断减少,其压力降曲线也不同,压力差值产生偏心力和一个使阀芯与阀体孔的轴线互不平行的力矩,使阀芯在孔内倾斜,最后阀芯卡死在阀孔内。

二、液压冲击

在液压系统中,由于某种原因,液体压力在一瞬间会突然升高,产生很高的压力峰值,这种

现象称为液压冲击。

采取以下措施可减小液压冲击。

(1) 使直接冲击变为间接冲击,这可通过减慢阀的关闭速度和减小冲击波传递距离来达到。

(2) 限制管道中油液的流速。

(3) 用橡胶软管或在冲击源处设置蓄能器,以吸收液压冲击的能量。

(4) 在容易出现液压冲击的地方,安装限制压力升高的安全阀。

三、气穴现象

在液压系统中,如果某处的压力低于空气分离压,原溶解在液体中的空气就会分离出来,导致液体中出现大量气泡,这种现象称为气穴现象,也称为空穴现象。如果系统压力进一步低于饱和蒸气压力,液体将迅速气化,产生大量蒸气泡,危害更大。

液体中的气泡随着液流流到下游压力较高的部位时,会因承受不了高压而破灭,产生局部的液压冲击,发出噪声并引起振动,当附着在金属表面上的气泡破灭时,它所产生的局部高温和高压会使金属剥落,使表面粗糙,或出现海绵状的小洞穴。

气穴对金属物造成的腐蚀、剥蚀的现象称为气蚀。

节流口处流速大,压力突然变低,常发生空穴现象。

第5章
液压系统故障诊断方法与实例

◀ **本模块学习内容**

　　本章主要介绍液压系统可靠性设计、液压系统故障诊断概述、液压系统故障诊断十法及实例、大型加热炉步进梁液压系统和热轧堆垛机液压系统的故障诊断及维修。

5.1

可靠性设计

一、可靠性的概念

可靠性是指产品在规定的使用条件下和规定的时间内，完成规定功能的能力。产品的可靠性一般可分为固有可靠性和使用可靠性两种。

产品的固有可靠性是在设计、制造过程中赋予产品的，是产品固有的一种特性，也是产品的设计者可以控制的一种特性。产品的使用可靠性则是指产品在实际使用过程中表现出的性能能力的一种特性，它除了要考虑固有可靠性之外，还要考虑操作使用和维修保障等方面因素的影响。

可靠性的指标有可靠度、失效率、故障率、平均故障间隔时间、平均寿命和有效度等。一个可靠性指标表示可靠性的某一个特征方面。机电设备的可靠性指标如表 5-1 所示。

表 5-1 机电设备的可靠性指标

序号	特征量	可靠性指标	代 号	定 义
1	无故障性	故障率	$\lambda(t)$	在每一时间增量里产生故障的次数，或在时间 t 之前尚未发生故障，而在随后的 dt 时间内可能发生故障的条件概率
		平均故障间隔时间	MTBF	可修复机电设备或零部件相邻两次故障之间的平均间隔时间
		首次故障前平均工作时间	MTTFF	发生首次致命、严重或一般故障时的平均工作时间
		平均停机间隔时间	DTMTBF	可修复机电设备或零部件相邻两次停机故障的平均工作时间
2	耐久性	可靠度	$R(t)$	在规定的使用条件下和规定的时间内，无故障地完成规定功能的概率
		故障概率	$F(t)$	在规定的使用条件下，使用到某一时刻 t 时发生故障的累积概率，也称为不可靠度
		可靠寿命	L_R	在规定的使用条件下，可靠度 $R(t)$ 达到某一要求值时的工作时间
		平均寿命	MTTF	设备和零部件从开始使用到失效报废的平均使用时间
3	维修性	平均事后维修时间	MTTR	可修复机电设备或零部件使用到某一时刻所有故障排除的平均有效时间
4	经济性	年平均保修费用率	PWC	在规定的使用条件下，出厂第一年保修期内，对每台机电设备工厂平均支付的保修费用与其出厂销售价格的比值

由于机电设备或零部件的各种性能都随时间发生变化，所以可靠度是一个随时间变化的函数，用 $R(t)$ 表示，且 $0 \leqslant R(t) \leqslant 1$。

如表 5-2 所示为零件的等级、可靠度和应用情况。

表 5-2　零件的等级、可靠度和应用情况

等级	零件可靠度 $R(t)$	应 用 情 况
0	<0.9	不重要的轴承等
1	$\geqslant 0.9$	不很重要的轴承、农机齿轮
2	$\geqslant 0.99$	重要,若失效会导致损失,如一般齿轮、液压件
3	$\geqslant 0.999$	
4	$\geqslant 0.999\ 9$	
5	$\geqslant 1$	很重要,失效引起灾难后果

设有 N_0 个相同零件,当达到工作时间 t 时,有 N_t 个零件失效,而仍能正常工作的零件为 N 个,则零件的可靠度为

$$R(t)=\frac{N}{N_0}=\frac{N_0-N_t}{N_0}$$

零件的故障概率为

$$F(t)=\frac{N_t}{N_0}=1-R(t)$$

【例 5-1】　现有 10 000 个相同的零件,工作达 200 h 有 9 900 个零件未失效;工作达 500 h 有 8 800 个零件未失效,求零件在 200 h 和 500 h 的可靠度和故障概率。

【解】

200 h 的可靠度为

$$R(200)=\frac{9\ 900}{10\ 000}=99\%$$

500 h 的可靠度为

$$R(500)=\frac{8\ 800}{10\ 000}=88\%$$

200 h 的故障概率为

$$F(200)=1-99\%=1\%$$

500 h 的故障概率为

$$F(500)=1-88\%=12\%$$

二、故障概率

机电设备故障的发生有两个显著特点:一是发生故障的可能性随设备使用年限的增加而增大;二是故障的发生具有随机性,很难预料发生的确切时间。因而在设备使用寿命内,发生故障的可能性可用故障概率表示。

由概率理论可知,故障概率的分布是其分布密度函数 $f(t)$ 的积累函数,用公式表示为

$$F(t)=\int_0^t f(t)\mathrm{d}t$$

式中　$F(t)$——故障概率;

　　　$f(t)$——故障概率分布密度函数;

t——设备的使用时间。

机电设备在规定的条件下和时间内不发生故障的概率称为无故障概率。

三、故障率

1. 故障率

故障率是指在每个时间增量里产生故障的次数,或在时间 t 之前尚未发生故障,而在随后的 dt 时间内可能发生故障的条件概率,用 $\lambda(t)$ 表示,即

$$\lambda(t) = \frac{f(t)}{R(t)}$$

故障率也可表示为某一瞬时可能发生的故障相对于该瞬时无故障概率之比。

产品在某一瞬时 t 的单位时间内发生故障的概率,叫作瞬时故障率。

2. 平均故障率

产品在某一段时间内,单位时间发生故障的概率称为平均故障率,有时也简称为故障率,其表达式为

$$\bar{\lambda}(t) = \frac{\Delta n(t)}{N_{存} \Delta t}$$

式中　$\Delta n(t)$——在 Δt 时间内发生故障的数量;

　　Δt——某一段使用时间;

　　$N_{存}$——在 Δt 时间内产品的平均残存数,即开始残存数与结尾残存数之和除以2。

例如,有 1 000 个元件在 800 h 的使用时间内有 80 个出故障,则

$$N_{存} = \frac{1\ 000 + (1\ 000 - 80)}{2} = 960$$

$$\bar{\lambda}(800) = \frac{80}{960 \times 800}\ h^{-1} = 1.04 \times 10^{-4} h^{-1}$$

平均故障率的常用单位是 $10^{-4} h^{-1}$。故障率越低,可靠性越高。

由于平均故障率 $\lambda(t)$ 是单位时间内故障数与残存数的比值,而故障概率分布密度函数 $f(t)$ 是单位时间内故障数与总数的比值,所以在反映故障情况上故障率 $\lambda(t)$ 比 $f(t)$ 更灵敏。

四、平均故障间隔时间

可修复设备在相邻两次故障间隔内正常工作时的平均时间,称为平均故障间隔时间,其代号为 MTBF。

平均故障间隔时间可用公式表示为

$$\text{MTBF} = \frac{\sum \Delta t_i}{n}$$

式中　Δt_i——第 i 次故障前的无故障工作时间或两次大修间的正常工作时间;

　　n——发生故障的总次数。

例如,某设备自投入运行开始工作 1 000 h 后发生了故障,修复后工作了 2 000 h 又发生了故障,再次修复后又工作了 2 400 h 后发生故障,则该设备的平均故障时间为

$$\frac{1\ 000 + 2\ 000 + 2\ 400}{3}\ h = 1\ 800\ h$$

五、系统的可靠性

系统中,设各环节的可靠性为 R_1,R_2,R_3,$\cdots$,R_n,则串联时,系统的可靠性为各环节可靠性的乘积,计算公式为

$$R_s = R_1 \times R_2 \times R_3 \times \cdots \times R_n$$

并联时,系统的可靠性计算公式为

$$R_s = 1 - (1-R_1) \times (1-R_2) \times (1-R_3) \times \cdots \times (1-R_n)$$

六、可靠性设计

对液压系统进行可靠性设计,主要是为了在设计阶段充分挖掘、分析和确定系统的薄弱环节和隐患,在设计上采取措施,提高液压系统的可靠性。

1. 元件选型

液压元件的可靠性是液压传动系统可靠性的基础。由于元件的固有可靠性是由元件的设计和制造来保证的,与生产厂商关系较大,所以在元件选型时应充分考虑品牌、生产厂商的实力和信誉。而在设计时,元件的类型应主要根据应用对象的要求,充分考虑性价比来确定。

2. 降额设计

元件的使用可靠性与系统使用过程中的工作参数等使用条件密切相关。为了提高元件的使用可靠性,一般采用降额设计方法,即系统设计所确定的使用工作压力比元件的额定压力低,这样能提高元件的可靠度、延长使用寿命。通常,系统工作压力为元件额定压力的 80% 是比较合适的,若降额过多,会造成成本和重量增加。

3. 冗余设计

在可靠性要求高的应用场合,为应对突发故障,保证系统连续地正常工作,一般采用冗余设计。液压系统常见的冗余是采用硬件冗余。例如,飞机、轧钢机械的液压系统,液压泵站都有 2～3 套冗余液压泵,当正常工作的液压泵发生故障时,冗余液压泵及时投入工作,保证系统连续地工作。

4. 污染控制设计

液压系统的污染控制设计主要包括过滤器的精度、安装位置和油箱的结构设计。一般的液压系统都设计有排油管路过滤器和回油管路过滤器,可靠性要求高的系统还设有离线独立循环过滤器。过滤器精度一般为 $10~\mu m$。但如果是伺服系统,在伺服阀前应加装精度为 $3~\mu m$ 或 $5~\mu m$ 的过滤器。

另外,油箱现在一般都采用全封闭结构,箱盖上空气过滤器的精度应不低于 $3~\mu m$。

5. 模块化、集成化设计

按液压系统各部分功能的不同,可以相对集中地采用模块化、集成化设计,每个功能模块的元件采用无管连接,以提高系统的可靠性。对于各个功能模块之间的连接,则力求结构简单,管路和接头最少,尽量使用直管,减少弯管。

6. 减振、降噪设计

振动和噪声主要是由液压泵站和管路产生的,特别高压、大流量的液压泵站,噪声和振动的

加剧严重影响泵站的正常运行,并恶化工作环境。

降低泵站噪声和振动的途径,主要是合理选取工作参数和设计结构。例如,使液压泵的工作转速比额定转速低、将液压泵置于油箱下以提高进油口压力,都能有效地降低液压泵的噪声;液压泵进、排油管各采用一段软管,电动机底座增加隔振垫,可有效地降低液压泵站的振动。另外,合理设置管夹能防止液压系统的中间管路振动。

7. 油温控制设计

油液工作温度直接影响液压系统的可靠性。油温过高,油液的黏度降低,泄漏增加,润滑性变差;油温过低,油液的黏度增大,压力损失增加。一般情况下,液压系统油温控制在 45 ℃左右比较合适。

8. 人机工程设计

人机工程设计是指设计出操作设备时最省力、不容易发生差错的相应结构,同时,对设备的面板设计和环境的布置应符合人们的要求。

5.2 液压系统故障诊断概述

工程技术人员应掌握液压设备故障与维修知识及维修技能,熟悉液压技术,加强对液压设备的保养和管理,保证液压系统工作正常、可靠。

一、液压故障的特性

液压故障是指液压元件或系统丧失了规定功能的状态。

液压故障又可分为破坏性故障、功能性故障和误动作故障三种类型。破坏性故障是指液压元件或系统完全丧失了功能的状态;功能性故障是指液压元件或系统工作时的功能比规定的功能低的状态;误动作故障是指由人们的错误操作与装配引起的故障。

液压故障具有以下四个特性。

1. 隐蔽性

液压系统的故障往往发生在内部。液压系统不便拆装,现场的检测条件也很有限,一旦发生故障,则难以直接观测。各类泵、阀、液压缸与液压马达都是如此。由于表面的故障症状有限,加上随机性因素的影响,故障分析也很困难。如大型液压阀板内部孔系纵横交错,一旦出现串通与堵塞,液压系统就会出现严重失调,在这种情况下找故障点相当有难度。

2. 交错性

液压系统故障的症状与原因之间存在各种各样的重叠与交叉。

一个症状可能由多种原因引起。例如,执行元件速度慢,引起的原因有负荷过大、执行件本身磨损、导轨误差过大、系统内存在泄漏口、调压系统故障、调速系统故障及泵故障等。一个故障源也可能引起多处的症状。例如,叶片泵定子内曲线磨损之后,会出现压力波动增大和噪声增大等症状;泵的配流盘磨损之后会出现输出流量下降、泵表面发热及油温升高等症状。

3. 随机性

液压系统在运行过程中,受到各种各样的随机性因素的影响,如电网电压的变化、环境温度的变化、机器工作任务的变化等。外界污染物的侵入也是随机性的,所以故障具体发生的变化方向更不确定,造成判断与定量分析的困难。

4. 差异性

设计、加工材料、应用环境及液压元件的磨损劣化速度等的差异,使液压故障具有差异性和不确定性。

二、液压设备的分类

液压设备是一种动力传递与控制的装备,综合了机械技术、流体技术、电气电子计算机技术、自动控制技术、现代监测测试技术和与设备执行任务相关的技术(如金属切削、成形加工、钢铁冶金、采煤技术等)。液压设备种类繁多,分类方式也多种多样,以下介绍几种其常用的分类方式。

1. 按液压阀控制方式分类

液压设备按液压阀控制方式可分为一般阀控制液压设备、比例阀控制液压设备和伺服阀控制液压设备三大类,也可分电控液压设备、机控液压设备和手控液压设备三大类。

(1)电控液压设备通过电磁铁操作有关的换向阀,装拆、备件存储比较方便。

(2)机控液压设备的工作压力及传动功率偏低,运行环境比较好,磨损速度相对较慢。机控液压设备上非标准件较多,非标准件的机械结构较复杂。机控液压设备大多用于各类机床。

(3)手控液压设备大多用于各类工程机械。手控液压设备的运行环境都比较差,元件的磨损速度快。

2. 按压力分类

液压设备按压力可分为低压设备、中压设备和高压设备。其中,高压设备是监测的重点对象。

3. 按规模分类

液压设备按规模可分为大型设备、中型设备和小型设备。其中,大型设备由于结构复杂,重量与体积大,装拆困难,是诊断与监测的重点与难点。

4. 按精密程度分类

液压设备按精密程度可分为精密设备和普通设备。精密设备承担比普通设备更加精确的工作任务,构成其的液压元件技术先进,精度也相应较高,精密设备往往采用伺服元件,而且其液压系统的测试控制技术也更加先进。

5. 按重要程度分类

液压设备按重要程度可分为关键设备、重点设备和一般设备。关键设备是生产线的瓶颈,不允许出现意外停机的情况;重点设备一旦停机,会对生产带来较大的影响。所以,关键设备与重点设备是监测的重点对象。

6. 按应用场合分类

液压设备按应用场合可分为很多种类,如钢铁冶金液压设备、机床液压设备、塑料成形加工液压设备、工程机械液压设备、建材加工液压设备等。不同的应用场合,设备的属性也有差异。

三、液压故障诊断的主要工作内容

1. 判定故障的性质及严重程度

根据现场状况,判断液压设备是否存在故障,是什么性质的故障(压力、速度、动作还是其他问题),故障的严重程度(正常、轻微故障、一般故障还是严重故障)。

2. 查找失效元件及失效位置

根据症状及相关信息,找出故障点,以便进一步排除故障,弄清问题出在何处。

3. 进一步查找引起故障的初始原因

故障的初始原因有液压油污染、液压元件可靠性低和环境不符合要求等。

4. 机理分析

对故障的因果关系链进行深入的分析与探讨,弄清故障产生的机理。

5. 预测故障发展趋向

根据系统磨损劣化的现状及速度、元件使用寿命的理论与经验数据,预测液压系统将来的状况。

四、液压故障诊断的一般步骤

液压故障诊断的一般步骤如下。
(1) 任务的确定。
明确考察对象的范围、故障分析的最终目的。
(2) 对现场情况进行初步了解。
(3) 工作方案的确定。
根据现场的状况,围绕给定的任务,选定技术手段,确定所需的维修人员、技术资料,估计工作进程。
(4) 按程序对设备做检查、测试、分解和判断,得出结论。
(5) 对技术活动进行总结,做好记录。

五、液压故障诊断的基本要求

生产现场故障诊断与处理的目的是保证设备的正常运行,保证生产秩序的正常。故障诊断应尽量满足下列要求。

1. 正确

得出的结论一定要正确,否则就无法排除故障,无法使设备恢复正常工作。

2. 精确

得出的结论越精确,消除故障的费用与时间就越少,预防故障的能力也越高,因此,故障分析不能过于粗略,而应尽可能地深入。

3. 简捷

由于现场中干扰因素过多,过于精密和复杂的仪器不一定适用,所以一般应采用简单的方法直接分析现场问题。同时,为降低劳动强度,防止影响液压元件精度,应尽可能避免反复装拆。

4. 快速

关键液压设备停机往往造成整个车间、整个生产线停顿,在这种情况下必须争分夺秒地进行故障分析和排除工作,尽早解决问题。

5. 超前

为了防止有大故障造成损失,技术人员必须具备较强的判断能力,把故障隐患消除在萌芽阶段。

六、测试手段

测试手段是检查设备状况的必要条件。使用测试手段检查液压设备的状况时,应注意以下三个方面的问题。

1. 仪表的齐全程度

液压设备若是重要关键设备,企业的维修部门应配备下列参量测试的仪器与仪表:压力测试、流量测试、速度与转速测试、振动与噪声测试、机械零件几何精度测试、元件表面温度测试、油温测试、油样分析和电参量测试等。

流量测量一般用椭圆轮流量计,其精度约为±0.5%。比较先进的流量计是超声波流量计,其精度更高。

转速测量一般用手持式转速计,其精度约为1%。要获得更高的精度,宜用测速发电机或电子计数式转速机。

速度的测量可用普通的秒表测运动时间,然后用行程除以它便可。

温度测量一般用普通温度计测量油温,用电阻式接触表面温度计测试液压件表面温度。

压力的动态特性可用压力传感器测量,其精度约为0.5%。

2. 仪表的精度

液压测试的精度问题,必须予以足够的重视,在此简要介绍有关仪器、仪表的测试精度。

常用的波登管式压力表的精度有0.5级、1.0、1.5级、2.5级等四种。其中,0.5级波登管式压力表的精度最高,测试时,常用1.0或1.5级压力表。精度等级为0.5级的压力表可作校验用。

3. 仪表量程的确定

压力表量程的确定方法是使正常系统压力处在压力表全量程的1/3～3/4以内。其他参量测试仪表应使被测量处在仪表全量程的1/5～4/5以内。

七、故障诊断与维修对技术人员的要求

对故障诊断与维修起决定作用的工程技术人员需要具备丰富的理论知识、实践经验、现场技能和良好的思想方法、心理素质、工作作风等。

1. 理论知识

技术人员应系统地掌握液压传动、控制及测试技术、流体力学、机械工程学、电气工程学知

识(包括电力拖动技术、电子技术,以及电气测试技术)、计算机工业控制技术、计算机辅助测试技术、仿真技术、人工智能技术、故障诊断学、可靠性技术及与液压设备应用有关的工艺知识等。

2. 工作经验

技术人员应熟悉主要液压元件的结构、规格、型号、性能及特征,应全面掌握液压设备的故障症状、故障机理、故障发展规律,以及故障诊断与监测的方式、方法,应形成分析各类现场液压故障的思维模式。

3. 现场技能

技术人员应能正确地查阅各种技术资料,找到所需的信息;能凭感官大致地、迅速地判断现场的异常情况;能正确地操作、维护、装拆与调试液压设备;能正确地选用测试工具和测试点,正确处理现场数据。

5.3 液压系统故障诊断十法及实例分析

液压设备故障诊断的方法包括感观诊断法、逻辑推理分析法、参数检测法、经验列表法、检测顺序法、截堵测试法、对比替换法、机理分析法、聚零为整法、压段划分法等十种,熟练掌握这十种方法并灵活应用,可以快速找到故障所在。

一、感观诊断法

感观诊断法是指通过维修检查人员的眼、耳、手和鼻的直接感觉,加上对设备运行情况的调查询问和综合分析,达到对设备状况和故障情况做出准确判断的目的的一种故障诊断方法。感观诊断法的实用效果完全取决于检查者个人的技术素质和实际经验,因此只是对系统故障所做的一个定性分析。

感观诊断法的主要内容如下。

(1)六看观察液压系统的工作状态。

一看速度,即看执行机构运动速度的变化;

二看压力,即看液压系统各测压点压力有无波动现象;

三看油液,即看油液是否清洁、是否变质,油量是否满足要求,油液的黏度是否合乎要求及油箱表面是否有泡沫等;

四看泄漏,即看液压系统各接头处是否渗漏、滴漏,是否有油垢;

五看振动,即看活塞杆或工作台等运动部件运行时,有无跳动、冲击等异常现象;

六看产品,即从加工出来的产品判断运动机构的工作状态,观察系统压力的稳定性。

(2)四听液压系统的工作是否正常。

一听噪声,即听液压系统噪声是否过大,液压阀等元件是否有尖叫声;

二听冲击声,即听执行部件换向时冲击声是否过大;

三听泄漏声,即听油路板内部有无细微而连续不断的泄漏声;

四听敲打声,即听液压泵和管路中是否有敲打撞击声。

(3)四摸运动部件的温升和工作状况。

一摸温升,即用手摸泵、油箱和阀体等,检查其温度是否过高;

二摸振动,即用手摸运动部件和管子,检查其有无振动;

三摸爬行,即当工作台慢速运行时,用手摸其有无爬行现象;

四摸松紧度,即用手拧一拧挡铁、微动开关等,检查它们的松紧程度。

(4)一闻油液是否有变质异味。

(5)六问设备操作者平时设备的工作状况。

一问液压系统工作是否正常;

二问液压油最近的更换日期,滤网的清洗或更换情况等;

三问事故出现前调压阀或调速阀是否调节过,有无不正常现象;

四问事故出现之前液压元件或密封元件是否更换过;

五问事故前后液压系统的工作差别;

六问过去常出现哪类事故及排除经过。

(6)多查阅资料。

查阅有关技术资料、有关故障分析记录、修理记录和维护保养记录等。

二、逻辑推理分析法——波音 747 起落架液压系统故障诊断

逻辑推理分析法是根据故障产生的现象,采取液压逻辑原理分析与推理设备状况和故障情况的一种故障分析方法。它通常着重分析主机或故障本身。

液压系统故障逻辑推理分析法是通过阅读液压系统图,运用液压概念、原理,通过判断与推理,正确探究液压故障位置及内部联系的思维过程。

液压系统是人们按逻辑规则设计的人造系统。随着液压技术的迅速发展,航空工业得到了广泛的应用,在现代飞机的操作系统及发动机的供油量控制中普遍采用了液压系统。飞机的操作系统主要有如下液压系统:油箱空气增压系统、主供压系统、应急供压系统、起落架收放系统、襟翼收放系统、前轮转弯系统、主轮刹车系统、风挡雨刷刮水系统、电源恒速装置液压系统、进气整流锥和可调斜板液压系统、发动机供燃油系统、发动机润滑油液压系统和尾喷口控制液压系统。另外,飞机的供油量是采用液压系统进行控制的。

飞机处于滑跑、起飞、加速、升降等各种工况时,采用液压控制系统来改变动力装置的推力,以满足飞行中的不同需要。如飞机发动机输出功率大幅度变化时,供油量将成倍变化,在供油量的这种变化情况下,液压系统需要满足启动、加速、加力、减速等过渡过程的控制要求,以保证动力装置不出现超转、超载、过热、喘振和熄火等,从而保证飞机既稳定又可靠地工作。

航空液压系统的特点是耐高温、耐高压、高精度、振动大、大流量及多裕度、集成化和小型化等,这必将增大管路元件的负荷,增加系统油液渗漏的可能性。

飞机液压系统的发展,要求组成系统的各元件不仅满足静态特性的指标,而且满足动态特性的指标,以保证飞机飞行的安全性及可靠性。

在大型客机上,是不可能单靠人力直接操纵动翼的,一般是在起落架装置和操纵系统中使用液压装置来操纵动翼。动翼的操纵要求能正确而迅速地响应,以便细微地控制机身的姿势。起落架则要求把重约 3 t 的东西收放自如。如图 5-1 所示为波音 747 飞机的外形图。

飞机液压系统由四个独立的系统构成按发动机的序号依次称为 No.1、No.2、No.3 和 No.4。以 No.1 系统为例,为了防止泵的气蚀,始终向油箱中加压到约 300 kPa。在发动机驱动泵的上游有电动式供给切断阀,一旦发动机发生火灾时,电动式供给切断阀能切断液压油对发动机的供给。飞机通常仅靠发动机驱动泵来工作,但在收、放起落架等负荷较大时或者发动机驱动泵发生故障时,压缩空气驱动泵自动开始工作。配备的电动泵,为在地面牵引时提供制动用的压力油,各壳体液压泵的泄油经过滤后,由装在主翼燃油箱中的冷却器冷却后返回液压油箱。当系统压力超过 24 MPa 时,液压油经溢流阀进入回油管。

波音 747 起落架收放、刹车系统包括前起落架、主起落架、左右机轮护板及收起落架后自动刹车等,均由液压系统控制。前起落架的三套液压系统与主起落架(包括左、右两路)的三套液压系统基本相同。如图 5-2 所示为波音 747 飞机前起落架液压系统原理图。

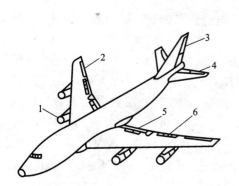

图 5-1　波音 747 飞机的外形图
1—发动机;2—副翼;3—方向舵;
4—升降舵;5—襟翼;6—阻流板

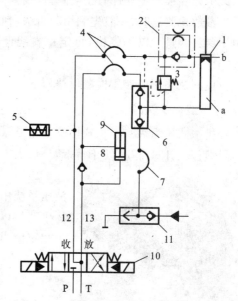

图 5-2　波音 747 飞机前起落架液压系统原理图
1—起落架收放液压缸;2—单向节流阀;3—高压溢流阀;4、7—软管;
5—自动刹车液压缸;6—液压锁;8—单向阀;9—开锁液压缸;
10—三位四通电液换向阀;11—梭阀;12—收油路;13—放油路;
a—液压缸 1 下腔;b—液压缸 1 上腔

三位四通电液换向阀 10 处于中间位置时,两个电磁铁都未通电,收油路 12、放油路 13 均与回油路 T 相通。当三位四通电液换向阀 10 处于右位时,放油路 13 接通高压油源,因单向阀 8 闭锁,高压油首先进入开锁液压缸 9,然后接通液压锁 6,高压油进入起落架收放液压缸 1 的下腔 a,其上腔 b 与回油路相通,将起落架放下。

在液压缸上腔 b 出口油路上安装有一单向节流阀 2,用来减小起落架放下时的速度,缓和冲击力。起落架放下结束后,液压锁 6 将起落架收放液压缸 1 放下腔的油液闭锁,以备起落架收放液压缸内的钢珠损坏时,仍能将起落架保持在放下位置。

当起落架收放液压缸 1 下腔 a 压力超过某定值时,与液压锁 6 并联的高压溢流阀 3 打开,将下腔 a 的超压油液排到回油路,防止机件损坏。

收起落架的过程是,当三位四通电液换向阀 10 换到左位时,高压油经单向节流阀 2 接通液压缸上腔 b,起落架收起。收起落架时,自动刹车液压缸 5 能自动刹住高速旋转着的机轮,以免飞机产生振动。

梭阀 11 右侧接应急油路,在应急时接通液压缸下腔 a 直接放下起落架。

三、参数检测法——日本 IPF85 泵车液压搅拌系统故障诊断

参数检测法是指采用专门的液压检测仪器,对液压故障做定量的检测诊断分析的一种故障诊断方法。国内外有许多专用的便携式检测仪,能测量流量、压力、温度和转速等。

参数检测法的一般操作步骤如下:采用液压检测仪器,检测出液压系统两个主要工作参数——压力和流量,以及系统温度、泵组功率、振动、噪声、转矩和转速等重要辅助参数,然后进行加减运算,并与某工况的相应正常值比较,若出现了异常变化,一般就是故障点位,说明液压系统的某个元件或某些元件有了故障,再找到故障所在部位。

采用参数检测法时,一般先利用分析法,判断出液压系统故障的大致位置。

由于参数测量可以不停机,可定量在线监测和预报潜在故障,所以提高了诊断速度和准确性。

参数检测法采用的液压检测仪器如下。

1. 通用型诊断仪器

各种机械式压力表和容积式椭圆齿轮流量计是液压系统常用的检测仪表,接入方便、操作简单、显示直观、计量准确,便于携带,且仪表本身的故障少、价格低。

图 5-3　纳百川数字压力表

压力携带着最多的系统状态信息。所以必要时可以在液压系统中安置数字压力表。如图 5-3 所示为纳百川仪表厂生产的以高性能单片机为测控核心的数字压力表。纳百川数字压力表有 0.05%、0.1%、0.2%、0.25% 四个精度,可测 $-100\ kPa \sim 60\ MPa$ 的压力,用一节 3.6 V/2 Ah 的锂电池供电,可连续工作 $1 \sim 2$ 年,具有精度高、稳定性好等优点。

2. 专用型诊断仪器

近年来,国内外不断研制出许多专用型液压故障诊断仪器。

1) 压力诊断仪器

压力传感器的飞速发展,推动和促进了压力诊断仪器的发展。国内有浙江大学研制开发的流体压力波形采集仪,维修人员可携带到现场做测试,记录、显示系统的压力值和压力波形。该仪器体积小、重量轻、易于携带,用电池供电,能连续工作 5 h 以上,测量精度达 2‰,频率响应为交流 350 Hz。

2) 流量诊断仪器

超声波流量计根据其传感器是否与被测介质接触而分为插入式和非插入式两种流量计。超声波流量计可以方便地用于液压系统的现场故障诊断。

国内有如泰隆测控产业集团公司开发的 MTPCL 系列流量计等。

3) 综合型诊断仪器(即液压万用表)

综合型诊断仪器正向着非接触式、便携式、多功能和智能化的方向发展。目前,它主要有以下五种组合形式。

(1) 压力和流量的组合。

（2）压力、流量和温度的组合。

（3）压力、流量和功率的组合。

（4）压力、流量、温度和功率的组合。

（5）压力、流量、温度和转速的组合。

国内已有多家单位研制开发出了液压万用表。如工程兵工程学院开发的 CYJ-B 型液压系统监测仪，是压力、流量和转速的组合，主要由接头体、传感器和信号处理机等三部分组成，测试精度分别达压力±0.7%、流量±1.5%、转速±0.2%；煤炭科学研究总院上海分院和华东电子仪器厂联合研制的 CHY12D 液压多功能测试仪，是压力、流量和温度的组合，由涡轮流量计、压力传感器、温度传感器和 YQY-12D 测试仪组成，其三项参数的模拟输出量分别为压力 0～5 V（0～25 MPa）、流量 0～5 V（0～5 kHz）、温度 0～5 V（0～100 ℃）。另外，还有石家庄铁道大学与襄阳内燃机车厂联合研制的液压系统诊断仪，以及中国人民解放军第二炮兵工程大学研制的多点位压力流量检测仪。

国外的综合型液压测试仪器较多。如图 5-4 所示为德国 HYDROTECHNIK 测量仪器公司生产的 MULTI-HANDY 3050 型液压万用表。该表可测压力、流量、温度、电压、电流、力、力矩、容积、距离、速度和转速，检测压力有 16 MPa、40 MPa、63 MPa 三种，流量测试范围为 0.005～300 L/min，测试精度为±0.5%，其测试结果可数字显示和打印。

美国丹尼逊公司生产的综合型诊断仪器有 PFM6、PFM6BD 和 PFM8 三个系列，共 13 种规格，均用于检测压力、流量和温度。其中，PFM8 系列还能直接显示功率，测试精度为±1%，测试结果可数字显示，其体积最大的 PFM8-200 型重量也只有 91 N，非常便于携带和现场测量。

如图 5-5 所示为日本生产的 IPF85 泵车液压搅拌系统，若泵车液压搅拌系统出现叶片搅拌无力、速度慢的故障，可利用压力、流量测试仪，先测出 A 点、B 点、C 点、D 点的压力，看是否正常；再测 A 点、B 点、C 点、D 点的流量，看是否正常。出现异常的元件，就是故障点位。

图 5-4 MULTI-HANDY 3050 型液压万用表

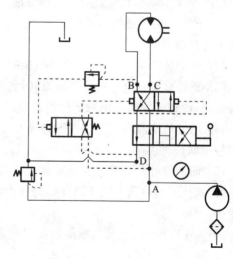

图 5-5 日本 IPF85 泵车液压搅拌系统

四、经验列表法——挖掘机液压系统故障诊断

经验列表法是一种积累液压检修经验,分类列表,以便记忆查找故障的一种诊断方法。

从事液压系统故障诊断与排除,应认真观察,把握故障特征,既要考虑系统方面可能存在的问题,也要考虑元件本身的问题。

如图 5-6 所示为国产 WY-100 型履带式液压挖掘机液压系统。国产 WY-100 型履带式液压挖掘机采用的是双泵双回路定量液压系统。该机发动机的功率 110 kW,系统最大工作压力为 32 MPa,机重为 25 t,反铲斗容量为 1 m³。

液压泵 1 输出的压力油进入多路换向阀组 Ⅰ,驱动回转马达 3、铲斗缸 14,并可经过中央回转接头 9 驱动履带行走液压马达 5。当这组执行元件不工作时,通过合流阀 13 将液压泵 1 输出的压力油输入多路换向阀组 Ⅱ,用来加快动臂或斗杆的工作速度。

液压泵 2 输出的压力油进入带限速阀的多路换向阀组 Ⅱ,驱动动臂缸 16、斗杆缸 15,并经中央回转接头 9 驱动履带行走液压马达 6。

Ⅰ、Ⅱ 两组多路换向阀组、执行元件都采用串联供油,回油都通过限速阀 10,在下坡行驶时,可以控制行驶速度,防止超速溜坡。

从多路换向阀组出来的回油经过背压阀 19、冷却器 21 和过滤器 22 回到工作油箱。

除以上主油路外,该系统尚有以下几种低压油路。

(1) 泄漏油路(无背压油路):多路换向阀组和液压泵产生的内泄漏油集中到中央回转接头 9,再经过过滤器 22 回油箱。

(2) 补油油路(背压油路):由背压阀 19 产生的低压油(压力为 0.8~1 MPa)经过缓冲补油阀组 4,在制动及超速时,给液压泵补油,保证电动机工作平稳并有可靠的制动性能。

(3) 排灌油路:将背压油路中的低压油经过节流减压后供给液压泵壳体,使电动机壳体内保持一定循环油,经常冲洗磨损物,并防止在外界温度过低时,由于温差过大对液压泵产生"热冲击"。

国产 WY-100 型履带式液压挖掘机液压系统的特点如下。

(1) 油冷却器为强制风冷式。该系统在连续工作的条件下,油温允许保持在 50~70 ℃内,最高不得超过 80 ℃。

(2) 系统多路换向阀组由进油阀、换向阀、安全阀和回油阀组成,采用分片组合结构。

(3) 系统总安全阀为先导型溢流阀,装在进油阀上;分路安全阀(过载阀)为蝶形弹簧直动式溢流阀,能较有效地防止系统产生共振。

(4) 系统的换向阀为三位四通弹簧复位式,阀内装有单向阀,可防止工作油倒流。每组多路阀按串联形式连接。

(5) 回油阀可根据系统要求安装限速阀或合流阀。带限速阀的回油阀的作用是当出现超速情况,液压泵出口压力低于背压油路压力时,限速阀自动节回油进行节流控制,从而防止溜坡现象。

国产 WY-100 型履带式液压挖掘机应用十分广泛。其液压系统常见故障与排除如表 5-3 所示。

国产 WY-250 型液压挖掘机液压系统(见图 5-7)是双泵分功率变量系统,其常见故障与排除方法也可参照表 5-3。

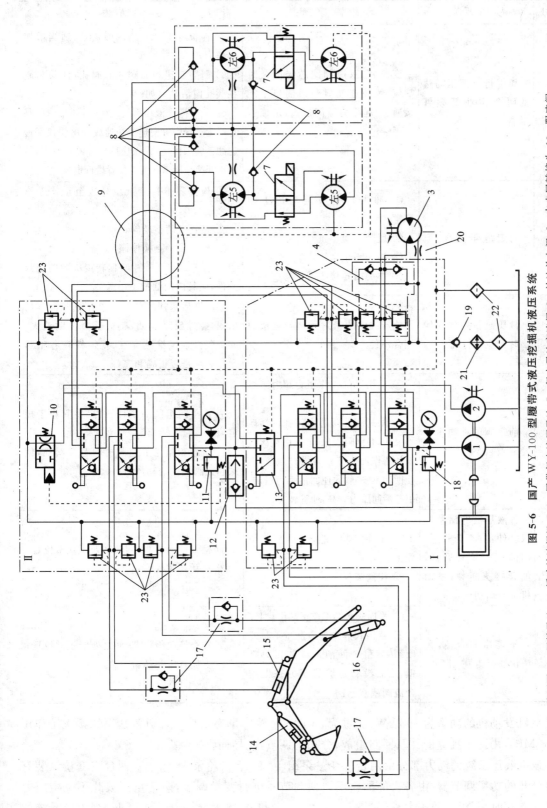

图 5-6 国产 WY-100 型履带式液压挖掘机液压系统

1,2—液压泵;3—回转马达;4—缓冲补油阀组;5,6—行走液压马达;7—履带行走液压阀;8—补油单向阀;9—中央回转接头;10—限速阀;
11,18—溢流阀;12—梭阀;13—合流阀;14—铲斗缸;15—斗杆缸;16—动臂缸;17—单向节流阀;19—背压阀;20—节流阀;21—冷却器;22—过滤器;23—缓冲阀

表 5-3　国产 WY-100 型履带式液压挖掘机液压系统常见故障与排除方法

序号	故障现象	故障原因	排除方法
1	履带行走液压马达的两个主油管频繁爆裂	变速后,双速阀阀芯未能及时响应,致使进油口和回油口未能接通,引起压力瞬间过高,造成有关爆裂	① 伸长或更换双速阀弹簧,以适当增加其弹力; ② 研磨双速阀的阀芯和阀孔,使阀芯能在阀孔内活动自如; ③ 正确操作液压系统。例如,履带液压马达行走过程中由慢速变快速或者由快速变慢速的正确操作是:首先让挖掘机停止行走,然后再变换至所需速度的位置后行走
2	行走跑偏	① 履带行走液压马达工作异常; ② 履带位置不正确; ③ 梭阀不正常; ④ 中央回转接头不正常	① 检修履带行走液压马达至正常工作状态; ② 将履带调整准确; ③ 检修或者更换梭阀; ④ 检修或者更换中央回转接头内的密封元件,使其内的油槽不串通
3	液压缸活塞杆在伸出时产生爬行现象	液压缸内的密封元件与缸壁的配合不佳	液压缸活塞杆的爬行现象在新装配容易出现,经过反复运动,爬行就会自动消失;如果爬行现象继续存在,就须检查各密封元件装配是否正确和完好
4	前组阀的进油短管经常破裂	① 前组阀的工作压力超过了规定值; ② 限速阀的阀芯在阀孔内活动不灵活,有卡阻现象,造成由梭阀过来的工作油不能正常推开限速阀,使回油不畅通,致使回油阻力增加,引起瞬间压力升高,油管破裂	① 调整前组阀的工作压力,使其小于规定值; ② 研磨和抛光限速阀的阀芯和阀孔,使阀芯在阀孔内活动灵活
5	各液压缸的活塞杆只会伸出,不会收进;回油压力异常升高,油管接头断裂;发动机负荷增加	① 换向阀阀芯不在正常位置上; ② 梭阀装反	① 检查换向阀阀芯,使之处于正常位置; ② 重新安装梭阀
6	不能事先合流,无法快速行走	① 换向阀阀芯不在正常位置上; ② 背压阀弹簧弹力严重不足或断裂,使整个回油系统的压力降低,从而没有足够的压力来推动合流阀或双速阀	① 检查换向阀阀芯,使之处于正常位置; ② 更换背压阀弹簧

　　该机发动机的功率为 198 kW,机重为 55 t,正铲斗容量为 2.5 m³。其液压系统最大工作压力 28 MPa,由两个独立的并联回路组成,分功率调节,先导伺服操纵。

　　该机液压系统的动力部分由两台主变量泵组 1 和一台齿轮泵 18 组成。两台主变量泵装有各自分开的功率调节器,由各自的回路反馈到调节器进行变量调节,两变量泵彼此不发生压力反馈。空载时,泵组 1 的压力油经过阀组 3 和 15、散热器 16 及滤油器回油箱 4。当液压系统的

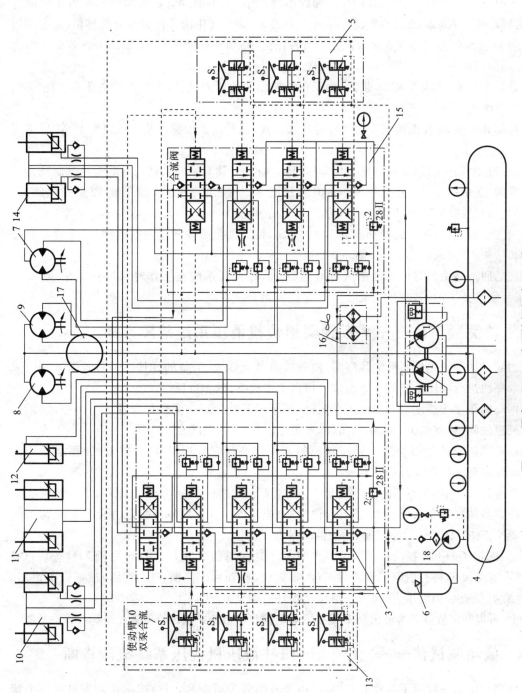

图 5-7 国产 WY-250 液压挖掘机液压系统

1—变量泵组;2—安全溢流阀;3、15—阀组;4—油箱;5、13—先导阀;6—蓄能器;7—回转马达;8、9—行走马达; 10—动臂液压缸;11—开斗斗液压缸;12—铲斗液压缸;14—斗杆液压缸;16—散热器;17—中央回转接头;18—齿轮泵

压力超过 28MPa 时,压力油经过安全溢流阀 2 回油箱。

控制部分的先导阀 5 和 13 用来操纵阀组 3 和 15 中的各个换向阀,实行作业动作和整机行走动作。先导阀 5 和 13 中的 S_1 和 S_3 分别操纵动臂液压缸 10 的换向阀和开斗液压缸 11 的转向阀。当扳动先导阀 13 中的 S_1 时,控制油就推动阀组 15 中的动臂缸换向阀和阀组 3 中的合流阀,实现动臂的双泵合流。当扳动先导阀 5 中的 S_1,阀组 3 中的斗杆缸换向阀移位,通过阀组 15 中的斗杆合流阀实现斗杆双泵合流。动臂液压缸 10 和斗杆液压缸 14 油路上各装有压力为 32 MPa 的限压阀。

先导阀 5 和 13 由齿轮泵 18 供油,为了保持控制油的压力平稳,在其油路上装有蓄能器 6,以调节控制油压。

先导阀 5 中的 S_1 控制阀组 3 的回转马达换向阀,回转马达油路上装有压力为 19 MPa 的缓冲阀。

行走马达油路上的限压阀的压力为 30 MPa。行走马达和回转马达均各装有机械制动器。

先导阀 13 中的 S_3 和 S_4 分别操纵开斗液压缸 11 的换向阀和铲斗液压缸 12 的换向阀,工作原理同上,相应的油路上各装有压力为 32 MPa 的限压阀。

主机需要行走时,扳动先导阀 5 和 13 中的 S_2,控制油就推动相应的换向阀,使压力油经过中央回转接头 17 流入行走马达 8 和 9。

系统的回油路中装有板式强制风冷散热器 16,以保证系统在工作时保持油温在 80 ℃ 以内,并采用空气预压油箱,防止主泵吸空。

五、检测顺序法——平板轮辋刨渣机液压系统故障诊断

检测顺序法是指先编制检测顺序图,检查故障可能性大、简单的元件的一种诊断方法。采用检测顺序法进行液压系统故障诊断可以提高工作效率,减少盲目性。

采用检测顺序法检测复杂的液压系统时,可按子系统、部件、元件层层深入来寻找故障点,也可先画出故障树(逻辑关系)、鱼刺图(因果关系图)来寻找故障点。

平板轮辋刨渣机是用于加工焊接轮辋的专用设备。它采用 PLC 电控方式,额定压力为 20 MPa,额定流量为 60 L/min。

平板轮辋刨渣机的生产工艺是:平钢板下料—卷筒—焊接—刨渣。其工作原理如图 5-8 所示。

该机常见的故障是系统压力上不去,仅为 2～3 MPa。这种故障可能是由液压泵 4、溢流阀 6、电磁阀 7、集成块泄漏、管路泄漏、过滤器 2 等造成的。

由此,确定了如下寻找故障诊断的检查顺序。① 过滤器 2,正常。② 电磁阀 7,检查后可以动作。③ 溢流阀 6,检查后阻尼孔正常。④ 集成块,检查后不泄漏。⑤ 管路,检查后不泄漏。⑥ 液压泵 4,检查后仍没压力,换了一液压站接好后调试,压力高了。

综上,可以断定故障点为液压泵 4,更换一新的同型号液压泵或维修原液压泵即可排除故障。

六、截堵测试法——3 150 kN 四柱液压机液压系统故障诊断

截堵测试法是一种为了寻找故障点,利用准备的各类堵头和元件,按一定顺序对液压系统的某些关键点进行截堵、测量、分析的诊断方法。

3 150 kN 四柱液压机液压系统如图 5-9 所示,当其工作压力达不到 25 MPa 时,系统即出现了故障。可以按图示顺序截堵,分别测量压力,然后分析故障位置,最后,找出故障点,并排除故障。

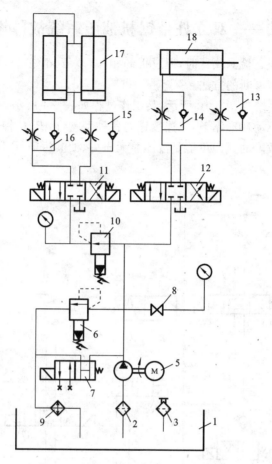

图 5-8 轮辋刨渣机液压系统工作原理

1—油箱;2—过滤器;3—空气滤清器;4—液压泵;5—电动机;6—溢流阀;7、11、12—电磁阀;
8 —开关阀;9—冷却器;10—减压阀;13、14、15、16—单向节流阀;17—夹紧缸;18—刨渣缸

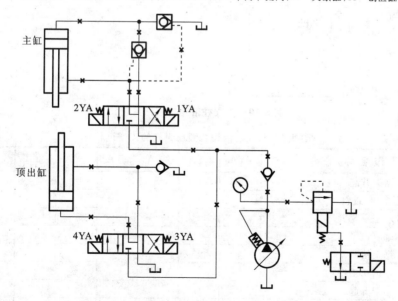

图 5-9 3 150 kN 四柱液压机液压系统

七、对比替换法——双立柱带锯机液压系统故障诊断

对比替换法是指在缺乏检测仪器时，通过拆卸相关（软管）管接头，利用其他相似元件替换可能故障元件来进行故障诊断的方法。

双立柱带锯机液压系统如图 5-10 所示，其工作过程如表 5-4 所示。

双立柱带锯机电动驱动环形锯条，可连续锯切各种型钢，由 PLC 控制。其常见故障是驱动马达不转或转向不对。故障的原因可能是液压泵无压力、油液污染、压紧马达损坏。

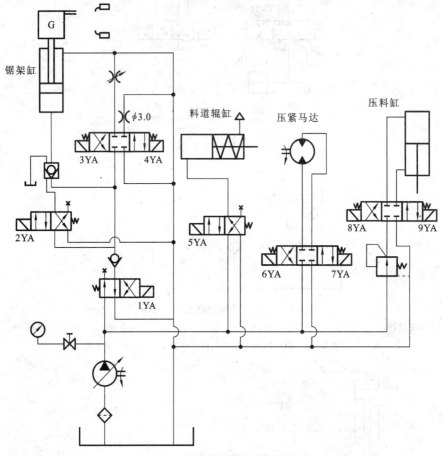

图 5-10 双立柱带锯机液压系统

表 5-4 双立柱带锯机液压系统的工作过程

序号	动作名称	1YA	2YA	3YA	4YA	5YA	6YA	7YA	8YA	9YA
1	锯架升起	+	−	−	−	−	−	−	−	−
2	锯架停、进料	−	−	−	−	+	−	−	−	−
3	水平压紧	−	−	−	−	−	+	−	−	−
4	垂直压紧	−	−	−	−	−	+	−	−	+
5	锯架快降	−	+	+	−	−	+	−	−	+
6	自重锯切工件	−	+	−	−	+	−	+	−	+
7	锯架升起	+	−	−	−	−	+	−	−	+
8	返回卸料	−	−	−	−	+	−	+	+	−

八、机理分析法——ZL50 型装载机液压系统故障诊断

机理分析法是指通过对系统内部原因(机理)的分析研究,来找出其发展变化规律的一种科学研究方法。其工作机理是液压设备工作原理、结构、性能及相互关系的综合。失效机理主要有摩擦磨损、断裂、泄露、油液污染劣化、温升异常、气蚀卡紧、控制失灵等现象的相关因素、形成与演变机理。

例如,国产叶片泵普遍使用寿命短的主要原因就是磨损快。国产叶片的常用材料有高铬系、铬钼系合金钢。如某公司叶片泵叶片的材料是 W6Mo5Cr4V2,定子的材料是 38CrMoAlA。该泵叶片和定子发生了严重磨损,经光学显微镜金相分析,叶片材料致密正常,但定子氮化层不连续;经硬度分析,叶片硬度为 62.4 HRC,定子硬度为 34 HRC,两者硬度相差 28.4 HRC。由此,可以得出以下结论:适当提高叶片材料的硬度,增加氮化层深度,有利于提高叶片的耐磨性和叶片泵的寿命。

ZL50 型装载机液压系统如图 5-11 所示,其常见故障为动臂举升无力。运用机理分析法对其进行分析,得出原因如下:泵压低内、系统外泄严重。

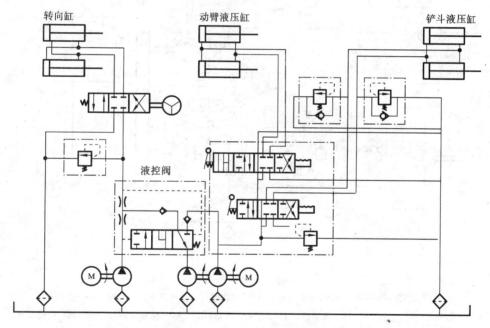

图 5-11　ZL50 型装载机液压系统

九、聚零为整法——德国 YZJ12 型压路机液压系统故障诊断

聚零为整法是通过对系统多方面信息的综合考察,找到确定的原因和故障点的一种诊断方法。

液压系统的故障信息是多方面的,会通过不同的途径向外传播。它可能经历多个环节,在远离故障点的某处反映出来。由于液压故障因果关系的重叠与交错,仅从某一方面判断系统的问题可能无法得出结论。

对系统多方面的信息进行综合考察,可大大缩小问题的不确定性,得出更加具体的结论。

随机性故障会引起故障特征参量的变化,而综合评判则可以降低随机性因素对诊断结论的影响。因为随机性因素不太可能对故障的所有方面起作用,多参量及多种方式的分析评判并加以综合是现场液压故障分析的一项重要原则,是系统理论在液压故障诊断技术领域的演绎与具体应用。因此,综合评判也是故障分析人员应该牢牢把握的一种诊断技术。

如图 5-12 所示为德国 YZJ12 型压路机液压系统。该压路机作业时转向正常,但突然出现不能行走和无振动的故障。这时应用聚零为整法,可以快速判断出是补油定量泵动力部分出现了故障。经过多次拆试或检测,找出是补油定量泵 25 出了故障,对其拆检发现是其主动齿轮半圆轴键断了。

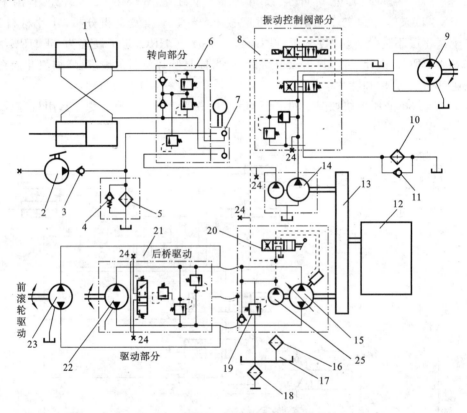

图 5-12　德国 YZJ12 型压路机液压系统

1—转向缸;2—手动泵;3、4、11—单向阀;5、16—滤油器;6—过载阀块;7—转向器;8—振动阀;
9—振动马达;10—散热器;12—发动机;13—分动箱;14—齿轮泵;15—柱塞泵;17—油箱;18—空滤器;
19—溢流阀;20—控制阀;21—多路阀;22、23—驱动马达;24—测压点;25—补油定量泵

十、区段划分法——美国卡特全液压 D8N 推土机液压系统故障诊断

区段划分法是从功能上将液压系统划分为动力区段、控制区段、执行区段、液控区段等,从而有重点地寻找故障位置的一种诊断方法。

美国卡特公司生产的全液压 D8N 推土机主要由机具操纵系统和转向系统两大部分组成,具有输出功率大、性能优越、操作简单、运动灵活、工作效率高等优点。其中,机具操纵系统主要控制铲斗和裂土器的动作,有负载敏感、压力补偿和手动操作等功能。

美国卡特 D8N 推土机液压系统如图 5-13 所示。负载传感压力补偿式变量柱塞泵 3 输出的高压油首先进入机具阀组 4 中的各个控制阀的入口,该阀组中的所有阀都通过直接连接在阀芯上的操纵杆进行操作,当其中各方向阀都处于中位时,柱塞泵 3 处于卸荷状态。

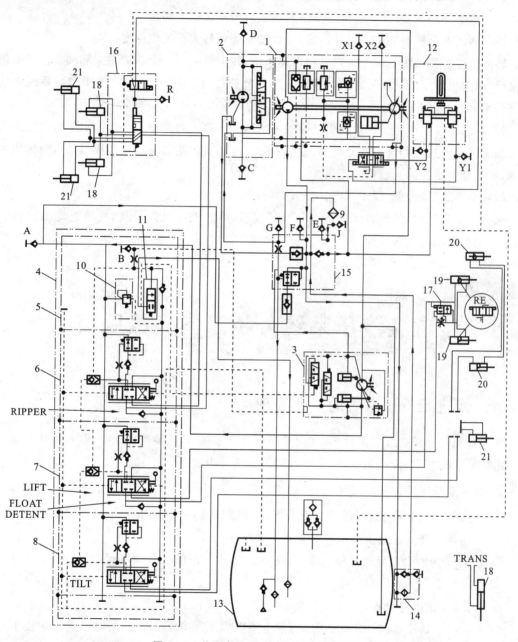

图 5-13　美国卡特 D8N 推土机液压系统

1—转向泵;2—转向马达;3—柱塞泵;4—机具阀组;5—集成块;6、7、8、15—控制阀组;
9—冷却器;10—溢流阀;11—液控阀;12—转向先导阀;13—油箱;14—过滤器;16—电液阀;
17—快速下降阀;18—裂土器齿尖缸;19—铲斗举升液压缸;20—铲斗倾斜液压缸;21—裂土器缸

控制阀组 6 是控制裂土器缸 21 上下动作的,左位控制裂土器下降,右位控制裂土器上升举起。电液阀 16 在右位时,裂土器齿尖缸 18 可工作。

控制阀组 7 控制大铲动作,控制四个工作位置,分别是大铲的举升、保持、下降和浮动,当控制阀组 7 在右位时,压力油经控制阀组 7 进入铲斗举升液压缸 19 的有杆腔,使大铲举升,此时,推土机可以空载运行;当控制阀组 7 在左位时,压力油经其进入铲斗举升液压缸 19 的无杆腔,使大铲下降,此时,推土机进行推土作业;快速下降阀 17 的作用是使液压缸可以进行差动连接,使铲斗快速下降到地面,并能使铲斗撞击到地面后将系统压力卸荷。

控制阀组 8 是控制大铲倾斜动作的,可以按需要调整大铲工作角度。

转向液压控制系统是一个闭式容积调速系统,转向泵 1 是一个转向主泵和辅助供液泵组成的泵组,辅助供液泵的功能是对闭式容积调速系统补油、控制转向泵变量机构和对系统中的热油液进行过滤、冷却、交换。

控制阀组 15 功能是引导辅助供液泵输出的压力油进入过滤器 14 和冷却器 9,然后送入转向主泵变量控制机构和裂土器分配阀。控制阀组 15 还起收集各液压泵和液压马达壳体内的泄露油,将其经滤油器回入油箱的作用。

故障是:系统压力低,仅 4 MPa。

采用区段划分法,按动力区段、控制区段、执行区段、液控区段分析,应该是动力区段的故障,最后是油泵磨损泄露严重。

5.4

步进梁液压系统分析及常见故障排除

一、步进梁液压系统的工作原理

步进梁液压系统由变量泵液压站、定量泵循环子系统、步进梁升降子系统、步进梁进退子系统、相同的三套炉门升降子系统、装钢机升降子系统等组成。

1. 变量泵液压站

变量泵液压站由完全相同的四套变量泵组并联连接,一套泵组工作,其他泵组作为备用。如图 5-14 所示为变量泵液压站中的一套变量泵组。

蓄能器 37 为四套泵组的共用蓄能器,图示泵组的工作压力由调压阀 36 控制,并由压力表 12-5 显示。

变量泵 7-1 由电动机 8-1 带动,其泄油通过软管 3-1 回油箱。

电磁溢流阀 10-1 起调压作用,当压力继电器 14-1 控制电磁溢流阀的电磁铁 a 得电时,系统卸荷。

2. 定量泵循环子系统

如图 5-15 所示,定量泵循环子系统由完全相同的二套定量泵组并联连接,一套泵组工作,另一套泵组作为备用。

定量泵 30-2 输出的低压油经加热器 26 加热(根据需要),再经水冷却器 24 冷却后,一部分由虚线方向对主泵冷却冲洗,大部分油液经带报警的双联过滤器回油箱。油箱上设置空气滤清器 15、高低油温报警器 16、低液位报警器 17 等。

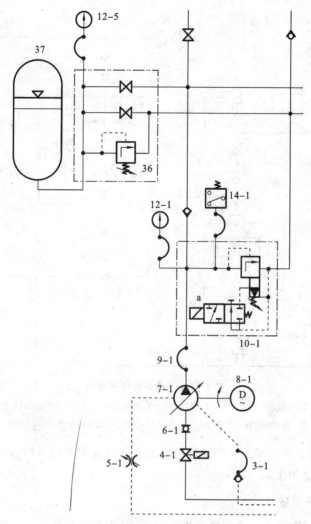

图 5-14 变量泵液压站中的一套泵组

3-1、9-1—软管;4-1—截止阀;5-1—节流阀;6-1—接头;7-1—变量泵;8-1—电动机;
10-1—电磁溢流阀;12-1、12-5—压力表;14-1—压力继电器;36—溢流阀;37—蓄能器

3. 步进梁升降子系统

步进梁升降子系统如图 5-16 所示。其步进梁升、降的速度均为 18 s,行程均为 1 048 mm。步进梁的升降由相同的两个单出杆活塞液压缸 55、56 带动,其位置由位移传感器输出。

当电液比例阀 41 的 a 侧通正向电信号时,压力油经有压力补偿的减压阀组 39 进入电液比例阀左侧到达液压缸 55 上腔,此时如换向阀 44 不得电,则液控阀 50-1 处于图示右位,插装阀处于关闭状态,液压缸 55 不能下降。当换向阀 44 得电,则液控阀 50-1 处于图示左位,插装阀处开启状态(控制口 F 回油),液压缸 55 可下降,带阻尼的液控单向阀 42 开启处于右位,下降速度由比例阀的输入电信号控制。

当电液比例阀 41 的 b 侧通反向电信号时,压力油经减压阀 39 进入电液比例阀 41 右侧,经液控单向阀 42,到达插装阀 a 腔,此时换向阀 44 得电,则液控阀 50-1 处于图示左位,插装阀处开启状态(控制口 F 油液经虚线回液),压力油进入液压缸 55 下腔,液压缸带动步进梁升起,上

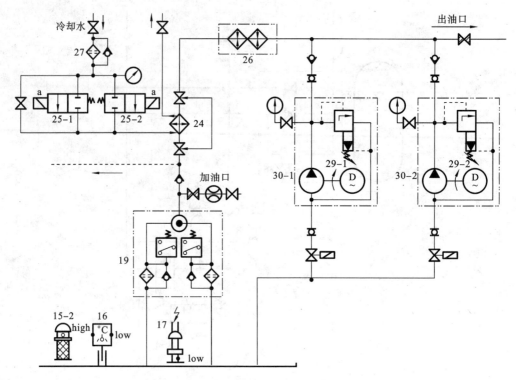

图 5-15 定量泵循环子系统

15-2—空气滤清器；16—高低油温报警器；17—低液位报警器；19—双联滤油器；24—冷却器；
25-1、25-2—电磁阀；26—加热器；27—过滤器；29-1、29-2—溢流阀；30-1、30-2—定量泵

腔油液经比例阀回油。步进梁上升的速度也由比例阀的输入电信号控制。压力阀 52 作两缸共同的过载阀，起安全保护作用。

4. 步进梁进退子系统

步进梁进退子系统如图 5-17 所示。步进梁进、退的速度都是 7 s，行程均为 550 mm。步进梁的进退由双出杆活塞缸 64 带动，其位置由位移传感器控制。

当电液比例阀 59 的 a 侧通正向电信号时，压力油经减压阀 58 进入比例阀左侧到达双出杆活塞缸 64 右腔，此时电磁阀 60 得电，则液控单向阀 61-1 开启，双出杆活塞缸 64 可以回油并向左后退运动。

当电液比例阀 59 的 b 侧通反向电信号时，压力油进入电液比例阀右侧到达双出杆活塞缸 64 左腔，油缸向右前进运动。

单向溢流阀 63-1、63-2 和 62-1、62-2 起补油和过载保护作用，由此分别又称为单向阀、过载阀。

当电磁阀 60 不得电时，则液控单向阀 61-1、61-2 关闭，步进梁进退缸锁紧不动。

5. 炉门升降子系统（有相同的三套）

炉门升降子系统如图 5-18 所示。炉门升降子系统的炉门升降速度均为 12 s，行程均为 1 600 mm。炉门的升降由单出杆活塞式炉门升降缸 72-1 带动，其位置由两个行程开关 73 控制。

当电液换向阀 65-1 的 a 侧通电时，压力油经该阀左侧进入桥式节流阀 66-1 并调速，再到达

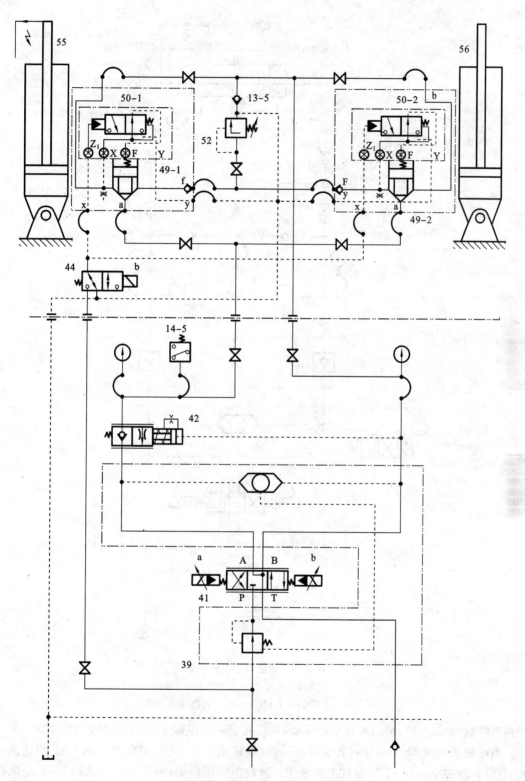

图 5-16 步进梁升降子系统

13-5—单向阀;14-5—压力继电器;39—减压阀组;41—电液比例阀;42—液控单向阀;44—电磁阀;

49-1、49-2—插装阀;50-1、50-2—液控阀;52—压力阀;55、56—液压缸

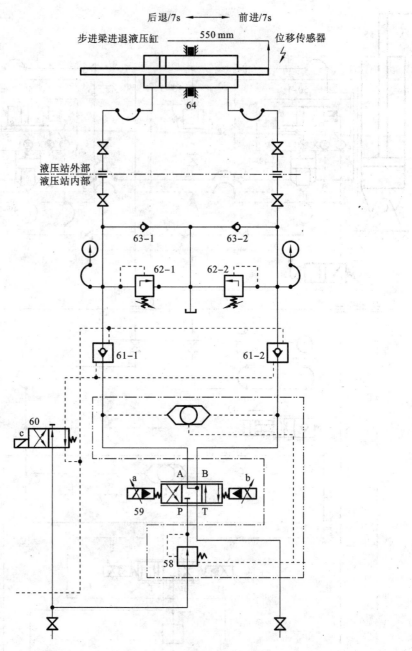

图 5-17　步进梁进退子系统

58—减压阀;59—电液比例阀;60—电磁阀;61-1—液控单向阀;

62-1、62-2—过载阀;63-1、63-2—单向阀;64—双出杆活塞缸

炉门升降缸 72-1 上腔,炉门实现下降运动,炉门开启。顺序阀 62-3 起平衡安全作用。

当电液换向阀 65-1 的 b 侧通电时,压力油经该换向阀右侧、单向减压阀 67-1 到达油缸下腔,并打开液控单向阀 71-1,油缸上腔液体经液控单向阀回油,再经桥式节流阀 66-1、电液换向阀 65-1 回油箱。

6. 装钢机升降子系统和出钢机升降子系统

由于装钢机升降子系统与出钢机升降子系统完全相同,所以这里仅介绍装钢机升降子系

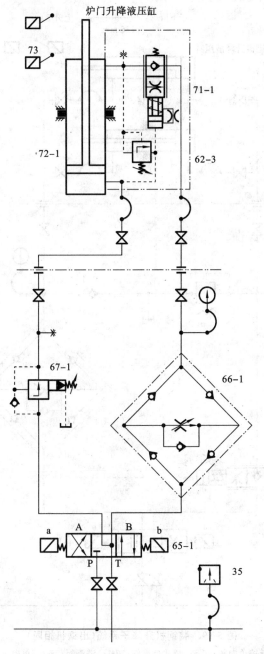

图 5-18　炉门升降子系统

35—压力表；62-3—顺序阀；65-1—电液换向阀；66-1—桥式节流阀；

67-1—单向减压阀；71-1—液控单向阀；72-1—炉门升降缸；73—行程开关

统，出钢机升降子系统不再赘述。

　　装钢机升降子系统如图 5-19 所示。装钢机升降速度均为 8 s，行程均为 330 mm。装钢机的升降由 2 个并联的单出杆活塞缸 81-1、81-2 带动，其位置由两个行程开关 76 控制。

　　当电液换向阀 74-1 的 a 侧通电时，压力油经该换向阀左侧进入桥式节流阀 76-1 到达装钢机单出杆活塞缸 81-1、81-2 右腔，同时打开带节流的液控单向阀 75-1，单出杆活塞缸 81 实现下

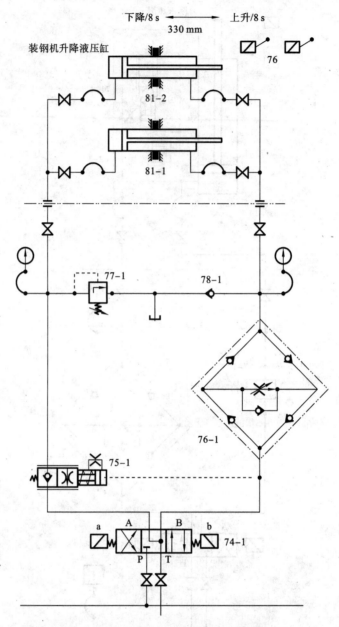

图 5-19 装钢机升降子系统（出钢机相同）

74-1—电磁换向阀；75-1—液控单向阀；76-1—桥式节流阀；77-1—溢流阀；78-1—单向阀；81-1、81-2—单出杆活塞缸

降运动。溢流阀 77-1 起过载保护作用。

当电液换向阀 74-1 的 b 侧通电时，压力油经该阀右侧进入液控单向阀 75-1 到达单出杆活塞缸 81-1、81-2 左腔，单出杆活塞缸 81 实现上升运动。

回油经桥式节流阀 76-1、电磁换向阀 74-1 回油箱，油缸上升速度由桥式节流阀 76-1 调节。

二、步进梁液压系统常见的故障和排除

步进梁液压系统常见故障及排除方法如表 5-5 所示。

表 5-5　步进梁液压系统常见故障及排除方法

故障现象	故障原因		排除方法
系统无压力	如图 5-14 所示,电磁溢流阀 10-1 阻尼孔堵塞,导致系统卸荷		更换电磁溢流阀,或将电磁溢流阀拆下解体清洗,疏通阻尼孔
	控制压力转换的二位三通电磁换向阀阀芯卡在左位,导致系统卸荷		更换二位三通电磁换向阀,或将二位三通电磁换向阀拆下解体清洗阀芯
	油泵不出油	油泵与电动机的接手损坏	更换接手
		油泵反转	重新调整电动机转向
		油箱油位过低导致泵吸油不足	给油箱加油至正常油位
		油泵损坏	更换油泵
液压缸不动作	系统无压力		按上述方法排除
	如图 5-16 所示,控制液压缸升降的电液比例换向阀 41 未通电		排除电路故障
	控制液压缸升降的电液比例阀阀芯卡住,导致不换向		更换电液比例阀,或将电液比例阀拆下,解体清洗阀芯
	系统压力不足	如图 5-14 所示,电磁溢流阀 10-1 压力调节过低	处理内泄至正常
		其他阀内泄过大	处理内泄至正常
液压油缸下滑	液压缸有内泄		更换油缸
	插装阀 49-1 阀芯关不严		检查修复或更换插装阀
	电磁阀 44 阀芯卡死,无法复位		拆下电磁阀 44 做清洗处理
	液控单向阀 42 锁不住油	过滤器被污染,严重堵塞,回油背压过大,导致液控单向阀被打开	更换或清洗过滤器滤芯
		液控单向阀阀芯卡死不能复位	更换液控单向阀,或将液控单向阀拆下解体、清洗阀芯
液压缸升降不同步	液压缸内泄不同		修复或更换油箱
	插装阀 49-1、49-2 内泄不同		修复或更换插装阀
	液压缸 55 的位移传感器控制不灵		检修或者更换位移传感器
液压缸速度慢	系统内泄过大		处理系统内泄问题
	溢流阀、减压阀压力调整不当		重新调整阀压力至设定值
	电液比例阀电信号输入不当		检查调整电液比例阀
系统噪声大	液压泵吸入空气		保证油箱液面高度高于最低油位设定值
	电磁溢流阀 10-1 不能卸荷,导致系统噪声大		检修或更换电磁溢流阀 10-1

三、采用逻辑分析法查找、处理步进梁液压系统故障

（1）步进梁升降液压缸无动作故障的逻辑分法如图 5-20 所示。

（2）步进梁升降液压缸升降不同步故障的逻辑分析如图 5-21 所示。

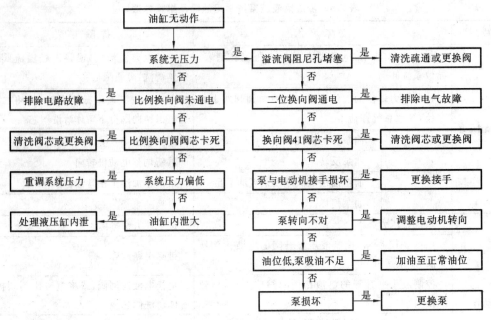

图 5-20　步进梁升降液压缸无动作的逻辑分析

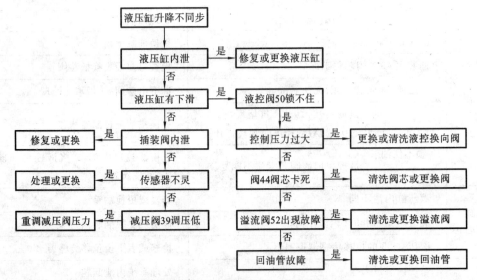

图 5-21　液压缸升降不同步故障的逻辑分析

四、步进梁液压系统的维修

1. 保持液压系统清洁

步进梁液压系统所在位置环境恶劣：一是受炉内高温的烘烤，液压缸密封易烧坏，老化也快，大量的液压缸密封碎片会对系统产生严重污染；二是现场粉尘较多，容易进入系统造成污染；三是给油箱加油及拆卸管道、元件时，因周边环境差、采取措施不当，也容易污染系统。

为了保证液压系统的清洁，可以从以下几方面采取措施。

（1）防止外界杂质进入系统。

液压元件、管道接头在解体、清洗、检查时应在无尘地点进行；用过滤器加油。

（2）定期清洗回油过滤器，防止因过滤网堵塞、液压缸密封碎片等杂质通过单向阀进入油箱内。

（3）经常启动循环过滤系统，并定期对油箱进行定期清洗、换油。

2. 保持正常的油温和油箱液位

系统应设定在工作完成后保持空循环 10 min，然后自动停泵。

冬季会出现油温偏低的情况，液控单向阀会因回油背压增大而不能自锁，更易发生液压缸下滑的情况。可以在启用前提前开机，使液压系统空循环几分钟。

油箱油位要保持适度，油位过低会造成泵吸油不足，在回油时使油箱底部的沉积物翻起污染液压系统。

5.5 热轧堆垛机液压系统故障诊断及维修

热轧堆垛机液压系统的主要作用是将堆垛平台升起，待裁剪完的薄钢板在上面堆放成垛后，将其降下，并通过移送链送走。

热轧堆垛机液压系统如图 5-22 所示。热轧堆垛机液压系统油箱容量为 6 000 L，执行元件为两台堆垛机油缸、两台移送机油缸；动力部分为三台双联叶片定量泵，流量为 340 L/min，工作方式为一台单泵长期供油，其他各台泵间歇式工作，系统压力为 7 MPa，控制油压力为 5 MPa；移送机部分，蓄能器的容量为 10 L，充氮压力为 5 MPa。由于堆垛机油缸流量大，油路中采用液控单向阀 11-1 来作为通道的开闭装置。

一、热轧堆垛机液压系统工作原理

如图 5-22 所示，堆垛机不工作时，换向阀 8、9，卸荷阀 4-1、4-2、4-3 电磁铁均不通电，油缸处于停止状态，泵输出的油通过卸荷阀卸荷。

堆垛机油缸慢速上升时，换向阀电磁铁 1DT、8DT 通电，卸荷阀 4-3 停止卸荷，从减压阀 25 减压后的控制油经节流阀 7-1、换向阀 8、单向节流阀 12-1，打开液控单向阀 11-1。来自双联泵 3-3 的压力油经单向阀 6-7、6-8，液控单向阀 11-1，单向阀 6-10，进入堆垛机提升油缸，推动油缸慢速向上运行。

堆垛机油缸快速上升时，工作原理与慢速的工作原理相同，但增加了电磁铁 6DT、7DT 通电，三台双联泵同时向堆垛机油缸输油，推动油缸快速向上运行。堆垛机油缸慢速下降时，换向阀电磁铁 2DT 通电，从减压阀 25 减压后的控制油流经节流阀 7-1、换向阀 8、单向节流阀 12-2，打开液控单向阀 11-2。

堆垛机油缸的回油经节流阀 7-3、液控单向阀 11-2、单向阀 6-9、回油过滤器 16 流回油箱。堆垛机油缸快速下降时，工作原理与慢速的工作原理相同，但增加电磁铁 3DT 通电，一部分回油经节流阀 7-4、液控单向阀 11-3 分流。

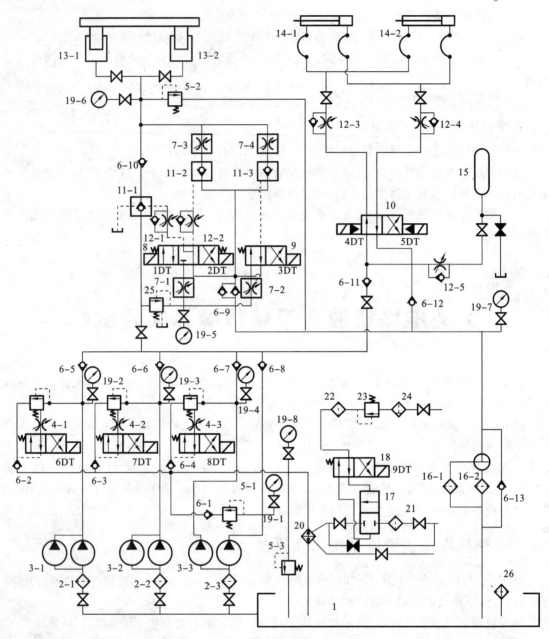

图 5-22　热轧堆垛机液压系统

1—油箱；2-1、2-2、2-3—吸滤器；3-1、3-2、3-3—双联泵；4-1、4-2、4-3—卸荷阀；5-1、5-2、5-3—溢流阀；6-1～6-13—单向阀；
7-1～7-4—节流阀；8、9—换向阀；10—换向阀；11-1、11-2、11-3—液控单向阀；12-1～12-5—单向节流阀；
13-1、13-2—堆垛机油缸；14-1、14-2—移送机油缸；15—蓄能器；16-1、16-2—回油过滤器；17—冷却器阀；18—气换向阀；
19-1～19-8—压力表；20—冷却器；21—水过滤器；22—油雾器；23—气减压阀；24—空滤器；25—减压阀；26—加热器

移送机油缸上升时，换向阀电磁铁 5DT 通电，来自泵 3-3 的压力油经换向阀 10 到达油缸活塞腔，推动移送机上行，回油经单向节流阀 12-3、换向阀 10、回油过滤器 16 流回油箱。移送机油缸下降时，换向阀电磁铁 6DT 通电，来自泵 3-3 的压力油经换向阀 10 到达油缸活塞杆腔，推动移送机下行，回油经单向节流阀 12-4、换向阀 10、回油过滤器 16 流回油箱。移送机停止工作时，所有电磁铁均不通电，油缸两腔无压。

二、热轧堆垛机液压系统常见故障及排除方法

热轧堆垛机液压系统常见故障及排除方法如表 5-6 所示。

表 5-6 热扎堆垛机液压系统常见故障及排除方法

故障现象	故障原因	排除方法
系统无压力	主工作泵 3-3 接手损坏	更换接手
	泵反转	重新调整电动机转向
	泵损坏	更换油泵
	泵出口溢流阀 5-1 阻尼孔阻塞	清洗阀体或更换阀
	泵出口单向阀 6-5、6-6、6-7 任一阀的阀芯锁不住油	更换单向阀
系统油温升高异常	系统内泄过大	查明内泄部位,处理系统内泄
	泵不能进入卸荷状态,卸荷阀阀芯卡死	清洗阀体或更换阀
	冷却水气动阀阀芯卡死	清洗阀体或更换阀
	气动阀气压小,阀芯不能打开	重新调整气动减压阀的压力或更换阀
油缸不能动作	换向阀 8 和 9 的电磁铁未通电	查明原因后排除
	减压阀 25 阻尼孔堵塞无压力	清洗阀体或更换阀
	液控单向阀 11-1 阀芯弹簧断裂	更换液控单向阀
	溢流阀 5-2 压力过低	重新调整压力或者更换阀

三、采用逻辑分析法查找、处理热轧堆垛机液压系统故障

(1) 移送机油缸无动作的逻辑分析如图 5-23 所示。

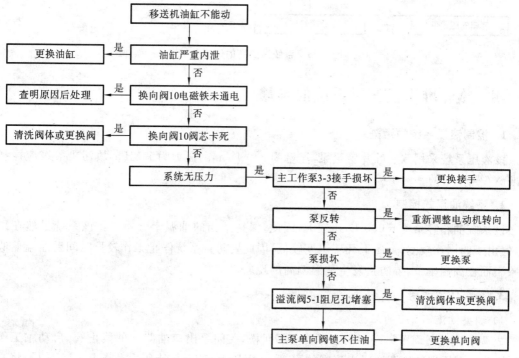

图 5-23 移送机油缸无动作的逻辑分析

(2) 油缸无动作的逻辑分析如图 5-24 所示。

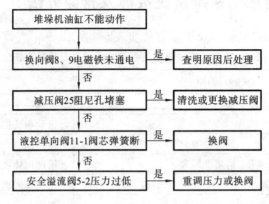

图 5-24　油缸无动作的逻辑分析

(3) 系统油温高的逻辑分析如图 5-25 所示。

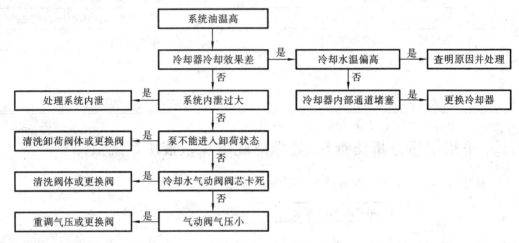

图 5-25　系统油温高的逻辑分析

四、热轧堆垛机液压系统的维修

1. 控制液压系统的污染

该液压系统采用双联叶片定量泵,流量为 340 L/min,压力为 7 MPa,故污染等级应控制在标准 NAS 1638 的 9～11 级。

2. 系统油温的控制

该系统油箱容量为 6 000 L,比较大,因此,保持适当的油温十分重要。该系统虽然在厂区内,但由于四周比较空旷,冬天环境温度较低,因此要防止系统停止工作较长时间后油温偏低的现象。而在高温季节,要防止发生油温偏高的现象。

3. 系统压力调整

1) 调整溢流阀 5-1 的压力

先调节溢流阀调压螺钉将调压弹簧全部回松,关闭泵出口油路中的截止阀,启动主工作泵 3-3,然后用调压螺钉逐渐调紧溢流阀的弹簧,观察压力表 19-1,待压力升高至 7 MPa 后,将紧定螺帽紧固,开启油路中关闭的截止阀。

2) 调整卸荷阀 4-1、4-2、4-3 的压力

先调节卸荷溢流阀调压螺钉将调压弹簧全部回松,关闭泵出口压力油路中的截止阀,启动相应的工作泵,然后将该卸荷阀组的电磁阀通电(或用手捅阀芯),用调压螺钉将卸荷溢流阀的弹簧逐渐调紧,观察相应压力表,待压力升高至 7 MPa 后将紧定螺帽紧固,开启油路中关闭的截止阀。

3) 调整堆垛机油路中防冲击溢流阀 5-2 的压力

先调节溢流阀 5-2 调压螺钉将调压弹簧全部回松,启动主工作泵 3-3,将堆垛机油缸换向至慢速上升位置,先调紧泵出口溢流阀 5-1 的调压弹簧,然后逐渐调紧溢流阀 5-2 的弹簧,油缸开始上升时暂停调压,油缸上升到位后,继续上调溢流阀 5-2 的压力,观察压力表 19-6,待压力升高至 21 MPa 后,将紧定螺帽紧固,回调溢流阀 5-1 的压力,将其还原至 7 MPa,紧固紧定螺帽。

4) 调整液控单向阀控制油减压阀 25 的压力

首先调节溢流阀调压螺钉将调压弹簧全部回松,启动主工作泵 3-3,然后用调压螺钉逐渐调紧减压阀的弹簧,观察压力表 19-5,待压力升高至 7 MPa 后,将紧定螺帽紧固。

第 6 章
设备维护及润滑

◀ 本模块学习内容

本章介绍一般设备的维护保养和润滑，液压系统的维护方法和污染控制。

6.1 设备的维护保养

维修是为了保护和恢复设备原始状态而采取的全部必要步骤的总称。它包括保养、检查、修理三个方面。

设备的维护是操作工人为了保持设备的正常技术状态、延长设备的使用寿命所必须进行的日常工作,也是操作工人的主要责任之一。

正确、合理地对设备进行维护,可减少设备故障发生的概率,提高设备的使用效率,降低设备检修的费用,提高企业的经济效益。

一、设备的维护保养概述

1) 设备维护保养的定义及要求

通过擦拭、清扫、润滑、调整等一般方法对设备进行护理,以保持设备的性能和技术状况,称为设备的维护保养。设备维护保养的要求主要有以下四项。

(1) 清洁。设备内外整洁,各滑动面、丝杠、齿条、齿轮箱、油孔等处无油污,各部位不漏油、不漏气,设备周围的切屑、杂物、脏物要清扫干净。

(2) 整齐。工具、附件、工件要放置整齐,管道、线路设置有条理。

(3) 润滑良好。按时加油或换油,油压正常,油标明亮,油路畅通,油质符合要求,油枪、油杯、油毡清洁。

(4) 安全。遵守安全操作规程,不超负荷使用设备,设备的安全防护装置齐全可靠,及时消除不安全因素。

设备维护保养的内容一般包括日常维护、定期维护、定期检查和精度检查,设备润滑和冷却系统维护也是设备维护保养的一个重要内容。

设备的日常维护保养是设备维护的基础工作,必须做到制度化和规范化。对设备的定期维护保养工作要制定工作定额和物资消耗定额,并按定额进行考核,设备定期维护保养工作应纳入车间承包责任制的考核内容。设备定期检查是一种有计划的预防性检查,检查的手段除人的感官以外,还需要用一定的检查工具和仪器,按定期检查卡规定的项目进行检查。对机械设备还应进行精度检查,以确定设备实际精度的优劣程度。

2) 设备维护规程的制定

设备维护应按设备维护规程进行。设备维护规程是对设备日常维护方面的要求和规定,其主要内容应包括以下三项。

(1) 设备要达到整齐、清洁、坚固、润滑、防腐、安全等的作业内容、作业方法,维护设备所使用的工器具及材料,设备经维护后达到的标准,以及进行设备维护时的注意事项。

(2) 日常检查维护及定期检查的部位、方法和标准。

(3) 检查和评定操作工人维护设备程度的内容和方法等。

二、设备的三级保养制

设备的三级保养制是从 20 世纪 60 年代中期开始,在总结苏联计划预修制的在我国实践经验的基础上,逐步完善和发展起来的一种保养修理制度。设备的三级保养制是以操作者为主,对设备进行以保为主,保修并重的强制性维修制度。

设备三级保养制的主要内容包括设备的日常维护保养、设备的一级保养和设备的二级保养。

1. 设备的日常维护保养

设备的日常维护保养一般有日保养和周保养(又称日例保和周例保)两种。

1)日例保

日例保由设备操作工人当班进行,要求设备操作工人认真做到班前四件事、班中五注意和班后四件事。

(1)班前四件事。

① 消化图样资料,检查交接班记录。

② 擦拭设备,按规定对设备进行润滑、加油。

③ 检查手柄位置和手动运转部位是否正确、操作时是否灵活,安全装置是否可靠。

④ 低速运转检查传动是否正常,润滑、冷却是否畅通。

(2)班中五注意。

注意设备运转时的声音、温度、压力、仪表信号、安全保险是否正常。

(3)班后四件事。

① 关闭设备开关,所有手柄置零位。

② 擦净设备各部分,并加油。

③ 清扫工作场地,整理附件、工具。

④ 填写交接班记录,办理交接班手续。

2)周例保

周例保由设备操作工人在周末进行,一般设备的周例保保养时间为 1～2 h,精、大、稀设备的周例保保养时间为 4 h 左右。周例保主要完成下述工作内容。

(1)外观。擦扫干净设备导轨、各传动部位及外露部分,清扫工作场地,达到内洁外净无死角、无锈蚀,周围环境整洁。

(2)操纵传动。检查各部位的技术状况,紧固松动部位,调整配合间隙;检查互锁、保险装置,达到设备工作时声音正常、安全可靠。

(3)液压润滑。检查液压系统,达到油质清洁、油路畅通、无渗漏;清洁并检查润滑装置,给油箱加油或换油。

(4)电气系统。擦拭电动机,检查各电器绝缘、接地情况,达到完整、清洁、可靠。

2. 设备的一级保养

设备的一级保养以设备操作工人为主、维修工人为辅,按计划拆卸和检查设备局部,清洗规定的部位,疏通油路、管道,更换或清洗油线、毛毡、滤油器,调整设备各部位的配合间隙,紧固设备的各个部位。设备的一级保养所用时间为 4～8 h。

设备的一级保养完成后应做记录并注明尚未清除的缺陷,车间机械员组织验收。

设备的一级保养的范围是企业全部在用设备,对重点设备应严格执行。

3. 设备的二级保养

设备的二级保养以维修工人为主,操作工人协助完成。

设备的二级保养应列入设备的检修计划。它的工作内容包括对设备进行部分解体检查和修理,更换或修复磨损件,清洗、换油、检查修理电气部分,使设备的技术状况全面达到设备完好标准的要求。设备的二级保养所用时间为 7 天左右。

设备的二级保养完成后,维修工人应详细填写检修记录,由车间机械员和操作工人验收,验收单交设备管理部门存档。

设备二级保养的主要目的是使设备达到完好标准,提高和巩固设备完好率,延长设备的大修周期。

三、精、大、稀设备的四定工作

1) 定使用人员

按定人定机制度,精、大、稀设备操作工人应选择本工种中责任心强、技术水平高和实践经验丰富者。使用人员一旦指定后,应尽可能保持较长时间的相对稳定。

2) 定检修人员

精、大、稀设备较多的企业,根据本企业条件,可组织精、大、稀设备专业维修组。精、大、稀设备专业维修组专门负责对精、大、稀设备的检查、精度调整、维护和修理。

3) 定操作规程

精、大、稀设备应分机型逐台编制操作规程,精、大、稀设备的使用人员应严格执行该操作规程。

4) 定备件

应根据各种精、大、稀设备在企业生产中的作用及备件来源情况,确定备件的储备数量。

四、设备的区域维护制

设备的区域维护制又称为设备的维修工人包机制,是指维修工人承担一定生产区域内的设备维修工作,与设备操作工人共同做好日常维护、巡回检查、定期维护、计划修理及故障排除等工作,并负责完成其管理区域内的设备完好率、故障停机率等考核指标。

设备区域维护的主要组织形式是设置区域维护组。区域维护组全面负责生产区域的设备维护保养和应急修理工作,其工作任务如下。

(1) 负责本区域内设备的维护修理工作,确保完成设备完好率、故障停机率等考核指标。

(2) 认真执行设备定期点检和区域巡回检查制,指导和督促操作工人做好日常维护和定期维护工作。

(3) 在车间机械员指导下参加设备状况普查、精度检查、调整、治漏,开展故障分析和状态监测等工作。

设备区域维护的优点有两个:一是在完成应急修理时有高度机动性,可使设备因修理而停歇的时间最短;二是在无人召请时,值班钳工会主动完成各项预防作业、主动参与计划,对设备进行修理。

6.2 液压系统的维护

一、液压系统维护的特点

1. 严格控制油液的污染

保持油液清洁,是确保液压系统正常工作的重要措施。目前由油液污染严重引起的液压故障频繁发生。据统计,液压系统的故障有 70% 是由油液污染引起的。另外,油液污染还会加速液压元件的磨损。

2. 严格控制油液的温升

控制液压系统中工作油液的温升是减少能源消耗、提高系统效率的一个重要因素。对一个普通的液压系统,油液温度变化范围较大会带来以下危害。

(1) 影响液压泵的吸油能力及容积效率。

(2) 系统工作不正常,压力、速度不稳定,动作不可靠。

(3) 液压元件内、外泄漏增加。

(4) 加速油液的氧化变质。

3. 减少液压系统的泄漏

泄漏是液压系统常见的故障。要控制泄漏,首先要提高液压元件的加工精度、装配质量和管道系统的安装质量;其次要提高密封元件的加工精度和装配质量,注意密封元件的安装使用与定期更换;最后要加强日常维护,并合理选择液压油。

4. 防止和减少液压系统的振动

振动影响液压元件的性能,使螺钉松动、管接头松脱,从而引起漏油,甚至使油管破裂。螺钉断裂等故障会造成人身事故和设备事故,因此要防止和消除振动现象。

5. 严格执行定期紧固、定期清洗、定期过滤和定期更换制度

液压设备在工作过程中,由于冲击振动、磨损、污染等因素,使管件松动,金属元件和密封元件磨损,因此必须对液压元件及油箱等执行定期清洗和维修制度,对油液、密封元件执行定期更换制度。

二、液压系统的日常检查

在对液压系统进行维护与检查之前,应了解该液压系统的使用条件与环境条件。使用条件与环境条件不同,维修与检查的重点亦有所不同。

液压系统的检查一般按三个阶段进行,即日常检查、定期检查和综合检查。

1. 泵启动前检查

1) 查看油箱油量

从油面油标及油窗口观察,油量应在油标线以上。

2）检查油温

通过油温计观察油温是否在规定范围内，在冬夏两季尤其应注意油温。当室温（环境温度）低于 10 ℃时，应预热油液；当室温高于 35 ℃时，要考虑采取散热措施。

3）检查压力

观察压力表指针摆动是否严重、是否能回零位和量程等情况。

2. 泵启动时和启动后的检查

1）点动

启动泵时，应严格执行操作规程，点动启动液压泵。

2）检查泵的输出

点动泵，观察泵输出情况是否正常，如是否能出油、有无异响、压力表的波动是否正常等。

3）检查溢流阀的调定压力

检查溢流阀的调定压力，观察是否能连续均匀升降，一切正常后再调至设定压力。

4）判断泵的噪声情况和振动情况

检查泵是否有异常噪声，振动是否严重。

5）检查油温、泵壳温度、电磁铁温度

油温在 20～55 ℃时正常，泵壳温度比室温高 10～30 ℃也属正常，电磁铁温度应与铭牌所示一致。

6）检查漏油情况

检查各液压阀、液压缸及管子接头处是否有外漏。

7）检查回路运转

检查液压系统工作时有无高频振动，压力是否稳定，手动或自动工作循环时是否有异常现象，冷却器、加热器和蓄能器的工作性能是否良好。

3. 油泵使用过程中和停车前的检查

1）检查油箱液面及油温

发现油面下降较多时，应查明减少的部分油液从何处外漏、流向何处（地面、地沟，还是冷却水箱）。油温超出规定时，应查明原因。

2）检查泵的噪音

检查油泵有无"咯咯"响声。若有，应查明原因。

3）检查泵壳温升

泵壳温度比室温高 10～30 ℃为正常现象，若超出此范围应查明原因。

4）检查泄漏

检查泵结合面、输出轴、管接头、油缸活塞杆与端盖结合处、油箱各侧面及各阀类元件安装面、安装法兰等处的漏油情况。

5）检查液压马达或液压缸运转情况

检查液压马达运转时是否有异常噪声，液压缸移动时工作是否正常、平稳。

6）检查液压阀

检查各液压阀工作是否正常。

7）检查振动

检查管路有无振动、油缸有无换向时的冲击声、管路是否振松等。

三、液压系统的定期检查

定期检查是以专业维修人员为主、设备操作工人协助的一种有计划的预防性检查。与日常检查相同,定期检查是为使设备工作更可靠、寿命更长,并及早发现故障苗头和趋势的一项工作。

定期检查除靠人的感官外,还要用一些检查工具和仪器来发现和记录设备异常、损坏、磨损和漏油等情况,以便确定修理部位、应更换的零部件、修理的种类和时间等,并据此安排修理计划。定期检查往往配合进行系统清洗及换油。定期检查搞得好,可使日常检查变得更简单、顺利。

1. 液压系统定期检查的分类

定期检查按时间(每季、半年和全年)进行不同项目的检查。

(1)每季、半年的维护检查。按日常检查的内容详细检查;滤油器的拆开清洗,对污物进行分析;油缸活塞杆表面有无拉伤的检查;电机与泵联轴器的检查,必要时更换挠性圈并加润滑脂;电磁阀解体检查;压力阀解体检查;流量阀解体检查;蓄能器的充填气体压力检查;液压油污染状况检查(必要时换油);管路检查,特别要检查橡胶尼龙软管等是否有损伤破裂等情况。

(2)全年的维护检查。按上述项目进行总检查。拆修油泵,更换油泵磨损零件或换新泵;拆修油缸,更换油缸密封和破损零件;油箱清洗并换油;管接头密封可靠性检查和紧固;解体检查溢流阀,根据情况做出处理;清洗或更换空气滤清器。

2. 液压系统定期检查的工作内容

1)定期紧固

要定期对受冲击影响较大的螺钉、螺帽和接头等进行紧固。对中压以上的液压设备,其管接头、软管接头、法兰盘螺钉、液压缸固定螺钉和压盖螺钉、液压缸活塞杆(或工作台)止动调节螺钉、蓄能器的连接管路、行程开关和挡块固定螺钉等,应每月紧固一次。对中压以下的液压设备,上述零部件可每隔三个月紧固一次。同时,对每个螺钉的拧紧力都要均匀,并要达到一定的拧紧力矩。

2)定期更换密封元件

漏油是液压系统常见的故障,解决漏油方法是进行有效的密封。密封的方式有间隙密封和利用弹性材料进行密封两种。

(1)间隙密封。间隙密封适用于柱塞、活塞或阀的圆柱副配合中。它的密封效果与压力差、两滑动面之间的间隙、封油长度和油液的黏度有关。例如,换向阀长期工作,阀芯在阀孔内频繁地往复移动,油液中的杂物会带入间隙成为研磨料,从而使阀芯和阀孔加速磨损、阀孔与阀芯之间配合间隙增大、丧失密封性、内泄漏量增加,造成系统效率下降、油温升高,所以要定期更换或修理换向阀。

(2)利用弹性材料进行密封(即利用橡胶密封元件密封)。它的密封效果与密封元件的结构、材料、工作压力及使用安装等因素有关。弹性密封元件的材料一般为耐油丁腈橡胶和聚氨酯橡胶,因此,弹性密封元件在受压状态下长期使用,不仅会自然老化,而且会永久变形,丧失密封性,必须定期更换。

定期更换密封元件是液压装置维护工作的主要内容之一,应根据液压装置的具体使用条件制订更换周期,并将周期表纳入设备技术档案。

3. 定期清洗或更换液压元件

在液压元件工作过程中,由于零件之间互相摩擦产生的金属磨损物、密封元件磨损物和碎片,以及液压元件在装配时带入的型砂、切屑等脏物和油液中的污染物等,都随液流一起流动,它们之中有些被过滤掉了,但有一部分积聚在液压元件的流道腔内,有时会影响液压元件的正常工作,因此要定期清洗液压元件。

由于液压元件处于连续工作状态,其某些零件(如弹簧等)疲劳到一定限度也需要进行定期更换。定期清洗与更换液压元件是确保液压系统可靠工作的重要措施。

例如,设备上的液压阀应每隔三个月清洗一次,液压缸每隔一年清洗一次;在清洗液压元件的同时应更换密封元件,装配好液压元件后应对主要技术参数进行测试,使其达到使用要求。

4. 定期清洗或更换滤芯、过滤器

过滤器经过一段时期的使用,固体杂质会严重地堵塞滤芯,影响过滤能力,使液压泵产生噪声、油温升高、容积效率下降,从而使液压系统工作异常。

因此,要根据过滤器的具体使用条件,制订清洗或更换滤芯的周期。一般液压设备上的液压系统过滤网两个月左右清洗一次,冶金设备上的液压系统过滤网一个月左右清洗一次。

过滤器的清洗周期应纳入设备技术档案。

5. 定期清洗油箱

液压系统工作时,一部分脏物积聚在油箱底部,若不定期清除这些脏物,其积聚量会越来越多,若被液压泵吸入系统,会使系统发生故障。特别是要注意在更换油液时必须把油箱内部清洗干净,油箱一般每隔六个月或一年清洗一次。

6. 定期清洗管道

油液中的脏物会积聚在管道的弯曲部位和油路板的流通腔内,管道的使用年限越长,在其内积聚的胶质会越多,这不仅增加了油液流动的阻力,而且由于油液的流动,积聚的脏物又被冲下来随油流而去,可能堵塞某个液压元件的阻尼孔,使该液压元件产生故障,因此要定期清洗管道。

清洗管道的方法有以下两种。

(1) 对油路板、软管及一部分可拆的管道拆下来清洗。

(2) 对大型自动线液压管道可每隔三至四年清洗一次。

清洗管道时,可先用清洗液进行冲洗。清洗液的温度一般在 $50\sim60$ ℃。在清洗过程中,应将清洗液灌入管道,并来回冲洗多次。在加入新油前,必须用本系统所要求的清洗油进行最后冲洗,然后再将清洗油放净。另外,要选用具有适当润滑性能的矿物油作为清洗油,其黏度为 $13\sim17$ cSt。

7. 定期更换油液和高压软管

(1) 除对油液经常化验、测定其性质外,还可以根据设备使用场地和系统要求,制订油液更换周期,定期更换油液,并把油液更换周期纳入设备技术档案。

(2) 软管根据生产厂家推荐寿命和压力进行更换,同时发现软管损坏时应及时更换。

四、综合检修

每一至两年或几年要对液压系统进行一次综合检修,也即大修。

综合检修时,所有液压装置都必须拆卸、解体检查,鉴定其精度、性能并估算其寿命,根据解体后发现的情况和问题,进行修理或更换零部件。

综合检修时,对修过或更换过的液压元件要做好记录,这对以后查找、分析故障和要准备哪些备件具有参考价值。

综合检修前,要预先做好准备,尤其是准备好密封元件、滤芯、蓄能器的皮囊、管接头、硬软管及电磁铁等易损件。这些零件一般都是需要更换的。

综合检修的内容和范围力求广泛,尽量做彻底的全面检查和修复。

综合检修时,如发现液压设备使用说明书等资料丢失,应设法找齐归档。

6.3 液压系统污染及控制

70%左右的液压系统故障是由污染物造成的,因此,要及时检测液压油的污染度,并采取相应措施,保证液压系统用油的质量,延长液压元件使用寿命,确保液压系统正常工作。

液压油污染按照污染源分为潜在污染、侵入污染、再生污染三种。污染对液压元件造成的危害有以下三个。

(1) 液压系统工作性能下降,动作失调。

(2) 引起液压元件表面磨损、刮伤、咬死、液压缸内外泄漏、推力不足、动作不稳、产生响声和振动等问题。

(3) 液压油变质后产生褐色胶状悬浮物,使节流孔堵死、元件动作失灵。

一、液压油污染度及检测

1. 液压油污染度等级标准

液压油污染常用 14 个等级标准,如表 6-1 所示。

表 6-1　NAS 1638 污染等级标准(100 mL 中的微粒数)

污染等级	颗粒尺寸范围/μm				
	5~15	15~25	25~50	50~100	>100
00	125	22	4	1	0
1	250	44	8	2	0
1	500	89	16	3	1
2	1 000	178	32	6	1
3	2 000	350	63	11	2
4	4 000	712	126	22	4
5	8 000	1 425	253	45	8
6	16 000	2 850	506	90	16

污染等级	颗粒尺寸范围/μm				
	5～15	15～25	25～50	50～100	>100
7	32 000	5 700	1 012	180	32
8	64 000	11 400	2 025	360	64
9	128 000	22 800	4 050	720	128
10	256 000	45 600	8 100	1 440	256
11	512 000	91 200	16 200	2 880	512
12	1 024 000	182 400	32 400	5 760	1 024

2. 液压油现场检测方法

液压油现场检测是使用仪器对液压油进行现场、定量检测的一种方法,若所测液压油超过表 6-2 允许的污染等级,就必须进行更换。许多单位因受条件限制只能用简易的经验方法对液压油进行现场检测。

表 6-2 不同系统的液压油允许的污染等级

	液压伺服系统	液压传动系统		
系统压力/MPa	≤21	>35(高压)	7～35(中高)	<7(低压)
过滤精度/μm	3～5	5～10	10～25	25～50
NAS 1638 标准/级	3、4、5、6	7	8、9、10	11、12

1) 外观检测

外观检测是指通过观察液压油的颜色和气味来进行判断液压油污染程度的一种方法。如果液压油的颜色变浅,表明可能是混入了稀释油,必要时测量液压油的黏度。如果液压油的颜色变深且稍微发黑,则表明液压油已开始变质或被污染。如果液压油的颜色变得更深、不透明,并且很浑浊,表明液压油已完全劣化或严重污染。如果液压油本身颜色没有多大变化,只是浑浊、不透明,往往表明液压油中混入了至少 0.03% 的水。必要时,可对液压油中的水分进行测定。液压油污染程度及处理如表 6-3 所示。

表 6-3 液压油污染程度及处理

外 观	气 味	状 态	处 理 方 法
颜色透明无变化	正常	良	仍然可使用
变成乳白色	正常	混入空气和水	分离掉水分或换油
透明但色变淡	正常	混入别种油	检查黏度,合格可使用
透明而闪光	正常	混入金属粉末	过滤后使用;部分或全部换油
透明而有小黑点	正常	混入杂质	过滤后使用;部分或全部换油
变成黑褐色	臭味	氧化变质	全部更换

2) 黏度测量

黏度是衡量液压油优劣的主要指标。在化验室可通过相对黏度仪对液压油的黏度进行定量测定,并将其测定值与新油的运动黏度进行比较,若变化量超过±5%的变化范围,应更换液压油。

现场简易检测液压油黏度时可采用直径为 15～20 mm、长为 150～180 mm 的两根试管,分别在试管中装入 2/3 高的同一型号的新旧两种油,均封好管口。在同一温度下,将两者同时倒置,分别记录液压油中气泡上升的时间,若黏度变化范围超过±(10%～15%),应考虑去除杂质或换油。

3)水分测定

水分是指液压油中的水,是液压油中的液体污染物。液压油中水分的含量用百分率表示。

在化验室中,测定液压油中的含水量的标准方法是卡尔·费歇尔法。它主要用于测定液压油中微量水分的含量。

现场可采用经验测定方法测定液压油中的含水量:取一支试管(ϕ15 mm×150 mm),将 50 mm 的油样注入试管中后,将试管中的油样充分摇晃均匀,用试管夹夹住试管并置于酒精灯上加热。如果没有显著的响声,可认定不含水分。如果发生连续响声,而且持续在 20～30 s 后,响声消失,则可估计其含水量小于 0.03%,连续响声持续到 40～50 s 以上时,可粗略估计其含水量为 0.05%～0.10%,这时应考虑离心除水或换油。

水分测定也可采用滤纸法。如果油滴扩散边缘有花边状浸润,也说明液压油中含水量超标。另外,还可用观察液压油浑浊程度的方法评定液压油中的含水量。

4)机械杂质测定

机械杂质是液压油中最普遍、危害性最大的固体污染物。液压油中的机械杂质包括从外部混入的夹杂物(如切屑、焊渣、磨料、锈片、漆片、纤维末)和液压系统本身在工作过程中不断产生的污垢(如元件磨损生成的金属粉末、密封材料的磨损颗粒和在液压油中溶解或生成的硬化杂质)。

(1)目测法。

这项检测通常首先进行,目测法是用肉眼直接观察油液被污染程度的方法。由于人眼的能见度下限是 40 μm,所以能观察出杂质的液压油说明已经是很脏了,必须更换。

(2)定量法。

在定量法中,用于机械杂质测定的主要有计数法、称重法、光谱法和铁谱法。其中光谱法和铁谱法主要用来判断液压系统的故障部位。计数法测定一定体积的液压油中所含各个尺寸颗粒的数目,是用"颗粒尺寸分布"来表示液压油污染程度的一种方法。

称重法是用阻留在滤油器上污物的重量来表示液压油污染程度的一种方法。这种方法通常是使 100 mL 的液压油通过微孔尺寸为 0.8 mm 的滤纸以阻留污染物。这种方法操作简单容易,但不能反映颗粒的尺寸分布,不便于污染源的分析。

3. 液压油的更换指标

常用液压油的更换周期如表 6-4 所示,液压油的更换极限标准如表 6-5 所示。一般情况下,超标三项时,应更换液压油,但若固体颗粒有一项超标就应更换液压油。先观察,再量化检测,确定采取半换油、全换油或过滤的措施。

表 6-4 常用液压油的更换周期

液压油种类	普通液压油	专用液压油	机械油	汽轮机油
更换周期(月)	12～18	12	6	12

表 6-5　液压油的更换极限标准

液压油性能	液压油种类		
	普通液压油	抗磨液压油	低凝液压油
40 ℃时黏度变化/(%)	±10～±15	±10～±15	±10
污垢含量/(mg/100 mL)	10	10	10
水分/(%)	0.1	0.1	0.1
酸值增加/(mg KOH/g)	0.3	0.3	0.3
铜片腐蚀/(100 ℃・3 h)	2	2	2
闪点(开口)变化/(℃)	−60	−60	−60
固体颗粒污染等级/(NAS 1638)	10～11	10～11	10～11

二、液压系统污染物的控制

污染物造成液压系统发生严重故障。许多污染物是研磨剂,会加速液压元件的磨损。

液压油污染物的来源有多种途径,其中有些污染物来自于外部的污染,如灰尘、铁锈、布屑、纤维和水垢等。有些污染物来自于油液添加剂变质所形成的可溶解的和不可溶解的成分造成的污染,而且油温过热时,会加速这种污染物的形成。由于氧化、冷凝和酸的形成,油液最终也会变质。因此,定期更换油液是减少这些有害成分的唯一途径。另外,还有些污染物来自于液压元件密封元件的磨损等。

1. 对元件和系统全面清洗

对新安装及大修的液压设备,当有必要时,在安装和大修前,对各元件和系统须进行全面清洗。

2. 选择适当的过滤器并超前维护

超前维护包含以下三个方面的内容。

(1) 根据液压系统的特点确定油液清洁度目标值。

(2) 选择适当的过滤器并确定其安装位置,使油液清洁度达到目标值。

(3) 定期检测油样(一般在回油过滤器的上游提取),以确定油液清洁度目标值的实现。

3. 预防污染物进入系统

可以采取以下几个措施预防污染物进入系统。

(1) 保持盛装液压油的容器清洁。油桶应储存在符合要求的位置,并加盖保护;防止油桶上积聚雨水,油桶的盖子应密封良好;在打开油桶之前,应仔细清洗油桶的顶盖。

液压油的油库要设在干净的地方;所用的器具如油桶、漏斗、抹布等应保持干净,最好用绸布或涤纶布擦洗,以免纤维通过液压油粘在元件上堵塞孔道,造成故障。

(2) 将液压油加入油箱时使用清洁的加油设备。

(3) 根据需要配置粗、精滤油器。

(4) 经常检查油液并根据工作情况定期清洗、更换滤油器。一般在液压系统累计工作1 000 h后,应当换油;如继续使用,油液将失去润滑性能,并可能具有酸性。在间断使用液压系统时,可根据具体情况每半年或每一年换油一次。

在换油时应将油箱底部积存的污物去掉,将油箱清洗干净;向油箱内注油时应使用120目 (2 304 孔/cm²)以上的滤油器。

(5)油箱应加盖密封,防止灰尘落入;在油箱上面应设有空气过滤器。

(6)装拆元件时,一定要将元件清洗干净,防止元件内进入污物。

(7)发现油液污染严重时,应查明原因并及时消除。

(8)必要时检查并更换防尘圈和密封圈。

4. 控制液压油的温度

液压油的温度一般应控制在 65 ℃以下。具体液压油最高使用温度如表 6-6 所示。

表 6-6　液压油最高使用温度

液压油类型	连续工作状态/℃	最高温度/℃
水	38～50	65
矿物型液压油	50～65	120～140
油包水乳化液	50～65	65
水-乙二醇	50～65	70
磷酸酯	65～82	150

5. 定期检查液压油质量并及时更换

液压油必须无污物、洁净,在加油时必须经过过滤,防止灰尘、纤维杂物的侵入;常检查油位,勤清洗滤清器中的磁棒和回路滤清器的磁杯,清除液压冷却器积灰,更换滤芯。主要检查液压油的以下三个方面。

1)液压油的氧化程度

如果液压油呈黑褐色,并有恶臭味,说明液压油已被氧化。褐色越深、恶臭味越浓,则说明液压油被氧化的程度越厉害,此时应更换液压油。

2)液压油中含水分的程度

液压油中混入水分,将会降低其润滑性能、腐蚀金属。如液压油的颜色呈乳白色,气味没变,则说明混入的水分过多。

另外,可取少量液压油滴在灼热的铁板上,如果发出"叭叭"的声音,则说明液压油含有水分,响时越长,水分越多,此时应采取措施。

3)液压油中含有杂质的情况

在液压系统工作一段时间后,取数滴液压油放在手上,用手指捻一下,察看是否有金属颗粒,或在太阳光下观察是否有微小的闪光点。如果有较多的金属颗粒或闪光点,则说明液压油含有较多的机械杂质。这时应采取措施,或将液压油放出并进行不少于 42 h 以上时间的沉淀,然后再将其过滤后使用。有条件的话,可以对液压油进行污染物颗粒检测。

三、液压油的分类、主要性质和选用

1. L-HL 液压油

L-HL 液压油是在精制基础油中加入抗氧防锈、抗泡添加剂调和而成的,是通用型工业机床润滑油。按 40 ℃运行黏度,L-HL 液压油分为 15、22、32、46、68 和 100 共六个牌号。

L-HL 液压油的应用如表 6-7 所示。

表 6-7　L-HL 液压油的应用

牌号	用于润滑、液压系统介质
15、22	① 1 500～5 000 r/min 的轻负荷机械; ② 鼓风机以及油环给油的小型电动机; ③ 普通机床的主轴箱、齿轮箱、液压箱
32	① 1 500 r/min 左右的中、小型机床,如普通车床、镗床、外圆万能磨床、内圆万能磨床、牛头刨床等的主轴箱、变速箱、液压箱; ② 5 000 r/min、100 kW 以下的电机; ③ 滑动速度为 0.5 m/s 的机床导轨; ④ 插齿机等
68	① 低速工作的重型机床,如龙门铣床、立式车床的主轴; ② 各种蒸汽泵、蒸汽机的传动部分; ③ 中型矿山机械、卷扬机; ④ 纺织机械齿轮箱
100	① 中、低负荷、转速低或时开时停的工程机械减速器; ② 大型机床和大型工作母机的齿轮箱; ③ 起重设备、工程吊车等的齿轮箱

1) 质量要求

(1) 适宜的黏度和良好的黏温性能,油的黏度受温度变化的影响小,即温度升高或降低时不会影响液压系统工作。

(2) 具有良好的防锈性、氧化安定性,较普通的机械油使用寿命长 1 倍以上。

(3) 具有较好的空气释放值、抗泡性、分水性和橡胶密封性。

2) 注意事项

(1) 使用前要彻底清洗原机床内的剩油、废油及沉淀物等,避免与其他油品混用。

(2) 该油不适用于工作条件苛刻、润滑要求高的专用机床。对油品要求质量较高的齿轮传动装置、液压系统及导轨,应选用中、重负荷齿轮油、抗磨液压油或导轨油。

(3) 可代替机械油用于通用机床及其他类似设备的循环系统的润滑,能延长换油周期。

2. L-HM 液压油(抗磨液压油)

L-HM 液压油是在深度精制的润滑油组分中加入抗氧抗腐剂、防锈剂、抗磨剂、油性剂、抗氧剂、降凝剂、消泡剂等调配制成的。按 40 ℃运动黏度,L-HM 液压油分为 22、32、46 和 68 共四个牌号。

1) 用途

L-HM 液压油主要用于重负荷、中压、高压的叶片泵、柱塞泵和齿轮泵的液压系统,如 CBN 齿轮泵、YB 叶片泵、YB-E80/40 双联泵、柱塞泵等液压系统。

2) 质量要求

(1) 合适的黏度和良好的黏温性能;保证液压元件在工作压力和工作温度发生变化的条件下得到良好的润滑、冷却和密封。

(2) 良好的极压抗磨性;保证油泵、油马达、控制阀和油缸中的摩擦副在高压、高速等苛刻条件下得到正常的润滑,减少磨损。

(3)优良的氧化安定性、水解安定性和热稳定性,能够抵抗大气、水分和高温、高压等因素的影响或作用,使其不易老化变质,延长其使用寿命。

(4)较好的抗泡性和空气释放值;保证在运转中受到机械的剧烈搅拌的条件下产生的泡沫能够迅速消失,并能将混入油中的空气在较短时间内释放出来,保证比较准确、灵敏、平稳地传递静压。

(5)良好的抗乳化性,能与混入油中的水分迅速分离,以免形成乳化液,进而引起液压系统的金属材质锈蚀和使用性能降低现象。

3)使用注意事项

(1)保持液压系统的清洁,及时清除油箱内的油泥和金属屑。

(2)按换油参考指标进行换油,换油时应将设备各部件清洗干净,以免杂质混入油中,影响使用效果。

(3)储存和使用时,容器和加油工具必须清洁,防止液压油被污染。

(4)L-HM 液压油除应加有防锈剂、抗氧剂外,还应添加抗磨添加剂、极压添加剂、金属减活剂、破乳化剂和抗泡添加剂等。

按添加剂的组成看,L-HM 液压油分为两种:一种是以抗磨抗氧添加剂二烷基二硫代磷酸锌为主剂的含锌抗磨液压油,此油已有 30 年的历史。另一种是 20 世纪 70 年代中期发展起来的不含金属盐的无灰抗磨液压油。

含锌型抗磨液压油又分高锌型抗磨液压油和低锌型抗磨液压油两种。油中锌含量低于0.03%的,通常称为低锌型抗磨液压油;锌含量高于 0.07%的,通常称为高锌型抗磨液压油。二者对钢-钢摩擦副(如叶片泵)的抗磨性特别优秀。但由于高锌型抗磨液压油,对银和铜部件有腐蚀作用,所以使用已越来越少。

(5)无灰抗磨液压油及抗磨液压油的评定。

无灰抗磨液压油使用的极压抗磨剂主要是硫化物和磷化物。与含锌抗磨液压油相比,无灰抗磨液压油在水解安定性、破乳化、油品的可滤性及氧化安定性方面,明显占优势。

评定抗磨液压油的主要指标之一是抗磨性。许多国家和行业的规格都采用油泵磨损试验来评定抗磨性。在欧洲,一些国家除用油泵磨损试验外,还把 FZG 齿轮磨损试验作为评定抗磨液压油的重要模拟试验。一般要求抗磨液压油 FZG 失效级大于或等于 10 级。

3. L-HV 高黏度指数低温液压油、L-HS 低温液压油

按基础油,L-HV 高黏度指数低温液压油和 L-HS 低温液压油均可分为矿物油型和合成油两种;按 40 ℃运动黏度,L-HV 高黏度指数低温液压油分为 15、22、32、46、68 共五个牌号,L-HS 低温液压油分为 15、22、32、46 共四个牌号。

1)用途

(1)L-HV 高黏度指数低温液压油主要用于严寒地区或温度变化范围较大、工作条件苛刻的工程机械、引进设备和车辆中的中高压液压系统中。如数控机床、电缆井泵、高压乙烯输送泵以及船舶起重机、甲板机械、起锚机、挖掘机、大型车辆等中的液压系统。L-HV 高黏度指数低温液压油的使用温度在−30 ℃以上。

(2)L-HS 低温液压油主要用于在严寒地区使用的各种设备中,使用温度在−30 ℃以下。

2)质量要求

(1)适宜的黏度。

（2）良好的极压抗磨性能。

（3）优良的低温性能、倾点较低，能保证工程设备在严寒环境下易于启动和正常运转。

（4）优良的黏温性能，以保证液压设备在温度变化幅度较大的情况下得到良好的润滑、冷却和密封。

（5）良好的抗乳化性能和防锈性能。

（6）良好的抗氧化安定性、水解安定性和热稳定性能。

3）注意事项

（1）低温液压油是一种既具有抗磨性能又具有高低温性能的高级液压油，应合理地使用。

（2）L-HV 高黏度指数低温液压油和 L-HS 低温液压油由于基础油组成不同，所以不能混装混用，以免影响使用性能。

（3）其他注意事项同抗磨液压油的。

4. L-HG 液压油（液压导轨油）

L-HG 液压油以深度精制矿物油为基础油，经加入抗氧、防锈、抗磨、油性等添加剂调和而成，主要适用于各种机床液压和导轨合用的润滑系统或机床导轨润滑系统。

1）质量要求

（1）抗氧化性能良好，运行中受温度、压力、空气和金属催化作用影响时，不易氧化变质。

（2）防锈性能良好，可防止金属元件和导轨锈蚀。

（3）黏-滑性能良好，可减少导轨出现爬行现象的可能性。

2）注意事项

（1）储运过程中要防止杂物污染，严防水分混入。

（2）注入设备时要加强过滤，以免混入杂质，堵塞油路。

（3）运行中要防止油温过高，以免促使液压油氧化变质。

（4）不要与其他油品混用，防止性能降低。

（5）换油前，油箱、管道必须清洗干净。

按 40 ℃运动黏度，L-HG 液压油分为 L-HG32、L-HG68 两个牌号。

机床上的导轨有若干类型，其中滑动导轨应用较为普遍。导轨的精密程度和运行时的平稳性大大影响机床的加工精度。

导轨在高负荷低移动速度时会发生爬行现象，影响机床正常工作。由于导轨要经常从移动速度为 0（静摩擦）过渡到正常速度（动摩擦），在此区间油楔作用很弱，油膜很薄，容易破裂，造成部分金属-金属接触，摩擦系数很大。有专家指出，当静摩擦系数大于 0.2 时，将出现黏-滑现象，即滑动副交替出现粘着和滑动，导轨时停时行、时快时慢，这就是爬行现象。

除了从机械上改进导轨副的刚度和表面光洁度外，采用高性能的导轨油是克服爬行现象的重要手段。导轨油消除爬行的做法是使油的静、动摩擦系数之差尽量小，甚至小到 0。

一般在矿物基础油中加入脂肪酸类、脂肪酸皂类和硫化动植物油都能有效地改善导轨的爬行现象。

对用于垂直导轨的导轨油，还要加入黏附剂，使导轨油不会很快流失。

四、液压油的主要性质

如果说主泵是整个液压系统的心脏，那么液压油就是整个液压系统的血液，对整个液压系统有很大的影响。

对一台设计先进、制造精度很高的液压设备，如果不能正确选择和使用液压油，则不能发挥该液压设备的效率，甚至会造成严重事故，使设备损坏或缩短使用寿命。有的液压设备工况条件十分恶劣，如高温、潮湿等，这就对液压油提出了更高的要求。一般要求液压油必须具有以下特性。

1. 黏度和黏温特性

黏度过高时，油泵吸油阻力增加，容易产生空穴和气蚀现象，使油泵工作困难，甚至受到损坏，油泵的能量损失增大，机械总效率降低，同时，也会使管路中压力损失增大，降低总效率，使阀和油缸的敏感性降低，工作不够灵活。另外，黏度过高时，热量不能及时被带走，造成油温上升，加快氧化速度，缩短液压油的使用寿命。

黏度过低时，油泵的内泄漏增多，容积效率降低，管路接头处的泄漏增多，控制阀的内泄漏增多，控制性能下降。同时，也会使润滑油膜变薄，液压油对机器滑动部件的润滑性能降低，造成磨损增加，甚至发生烧结。

黏度是液压油的主要指标，因此必须保持合适的黏度，液压油一般用 40 ℃时运动黏度为 $10\sim68$ mm²/s 的油。

黏温特性表示黏度随温度变化的大小。工程机械露天工作，温度变化大，为了保证液压系统平衡的工作，要求液压油的黏度指数大。一般抗磨液压油黏度指数应不低于 90，低温液压油应不低于 130。

2. 低温性能

液压油的低温性能包括三个方面。第一，低温流动性。低温流动性指的是油本身在低温时的流动性能，用倾点来评定；第二，低温启动性。低温启动性指油在低温下克服启动阻力，获得迅速启动的能力；第三，低温泵送性。低温泵送性指在低温下，油能被油泵输送到润滑部位的能力。几种不同类型液压泵对油品黏度的要求如表 6-8 所示。

表 6-8　不同类型液压泵对油品黏度的要求

黏度/(mm²/s)	Denison 公司		商业规格齿轮泵
	柱塞泵	叶片泵	
低温启动最大黏度	1 618	1 618	1 620
全功率最大黏度	162	162	—
工作温度下最优黏度	36	36	21
全功率最小黏度	10	10	7.5

3. 氧化安定性

液压油在使用过程中，由于受热、受空气中的氧以及金属材料的催化作用，会促使液压油氧化变质、颜色变深、酸值增加、黏度发生变化或生成沉淀物。

液压油的氧化安定性采用 GB/T 12581—2006 中的评定方法评定。该方法是在（95±0.2）℃下，向加有催化剂的氧化管中通氧气，以液压油酸值达到 2.0 mgKOH/g 时所需的小时数来表示氧化安定性。

4. 防锈性和防腐性

液压系统在运转过程中，会不可避免地混入一些空气和水分。由于水分和空气的共同作用,液压系统中精度高和粗糙度值小的零部件会发生锈蚀,影响液压元件的精度。锈蚀又是液压油氧化变质的催化剂。对加入各种添加剂的液压油,其活性元素会腐蚀铜、银等金属,因此,要求液压油应具有良好的防锈性和防腐性,以保证液压系统长时间的正常运转。

液压油的防锈性采用 GB/T 11143—2008 中的评定方法评定。该方法是将一个特制的钢棒浸入 300 mL 润滑油和 3 mL 蒸馏水(A 法)或合成海水(B 法)的混合液中,在一定温度下,维持一定时间,将钢棒取出目测度其生锈程度。

液压油的抗腐蚀性能采用 GB 5096—1985 中的评定方法评定。该方法是把一块已磨光的铜片浸在一定量的试样中,按产品标准加热到指定温度(通常是 100 ℃ 或 150 ℃),保持一定时间(通常是 3 h),然后取出铜片,经洗涤后与腐蚀标准色板进行比较,确定腐蚀等级。

5. 抗磨损性能

降低摩擦、减少磨损是液压油首要的性能指标。

随着液压技术向高性能发展,液压系统工作压力不断提高,柱塞泵的工作压力已从原来的 15～20 MPa 增加到 35～40 MPa,叶片泵工作压力可达 20 MPa 以上,同时,液压系统中泵的转速也升高到 3 500～5 000 r/min。液压系统的压力升高和功率增大,必然会引起油泵的负荷越来越重,同时会引起摩擦面的温度升高、油膜变薄,使液压系统在启动和停车时往往处于边界润滑状态。

如果液压油润滑性差,会产生咬合磨损、磨料磨损和疲劳磨损,造成泵和马达的性能下降,寿命缩短,系统发生故障。因此,液压油中应加入一定的极压抗磨添加剂,如硫代磷酸二苯酯或二烷二硫代磷酸锌等,以提高其极压抗磨损性能。

评定液压油抗磨损性能的方法很多,最常用的是四球机法(SH/T 0189—1992)。具体操作是将三个直径为 12.7 mm 钢球夹紧在一个油杯中,并被试样浸没,另一个相同直径的钢球置于这三个球顶部,受 15 kgf(1 kgf＝9.8 N)或 40 kgf 力作用,成为"三点接触"。当试样被加热到一定温度(75±2)℃,顶球在一定转速下旋转 60 min,然后测下边三个球磨斑的平均直径,用以评价抗磨损性能。四球机法是点接触,这与液压元件的工作状态不同,但由于它试验时间短,操作方便,在产品试验过程中被广泛应用。

较好的评定液压油抗磨损性能的办法是 FZG 齿轮试验。该试验是在 FZG 齿轮试验机上完成的。具体操作是在试验齿轮箱中装入 1.5 L 试样,加热到(90±3)℃,恒速运转 15 min,齿面载荷按级增加,各级载荷运转结束后,对齿面目测检查评定,同时记录和绘制齿面出现的图形,直至油品失效负荷出现为止。

6. 剪切安定性

液压油良好的黏温性能往往是通过在油品中加入高分子聚合物,即黏度指数改进剂获得的,在高压、高速条件下工作的液压油,经过泵、阀件、微孔时,经受激烈的剪切作用,油中作为黏度指数改进剂的高分子聚合物可能被剪断,油品的黏度下降。当油的黏度下降到一定程度后,就不能继续使用。

液压油剪切安定性测定的主要方法是超声波剪切法(SH/T 0505—1992)。其具体操作是将试样置于聚能器(即超声波振荡器)触棒中,使之经受一次或多次固定时间的超声波剪切作用,然后测量其黏度变化,以油的黏度下降率来评价其剪切安定性。此法具有试油少、周期短、操作方便等优点。

7. 抗乳化性能和水解安定性

抗乳化性是指油水乳化液分离成油层和水的能力。水解安定性是指油、水混合后,油抵抗与水反应的能力。液压油在工作过程中,可能从不同途径混入水分,液压油中的游离水导致油中某些酯类添加剂水解,水解产生的酸性物质会腐蚀金属元件,如柱塞泵的铜及铜合金元件。

另外,由于液压油受剧烈搅动,水和油易于形成乳化液,这种含有灰尘、颗粒和其他脏物的乳化液会促进油的氧化变质,使其生成油泥和沉积物,从而导致冷却器性能下降、管道阀门堵塞、油品润滑性能下降,因此要求液压油具有良好的水解安定性和抗乳化性能。

评定液压油抗乳化性能的方法是 GB 8022—1987 中的评定方法。(具体操作是在专用分液漏斗中,加入 405 ml 试样和 45 ml 蒸馏水;在 82 ℃温度下以一定的速度搅拌 5 min,静置 5 h 后测量,并记录从油中分离出来的水的体积、乳化液的体积及油中水的百分数。)

评定液压油水解安定性的方法是玻璃瓶法(SH/T 0301—1993)。具体操作是将试样、水和铜片一起密封在耐压玻璃瓶内,然后将玻璃瓶放在(93±0.5)℃的油品水解安定性试验箱内,按首尾颠倒方式旋转 48 h 后,将油水混合物过滤,测定不溶物,再将油、水分离,分别测定油的黏度、酸值、水层总酸度和铜片的质量变化,并评价铜片外观。铜片失重越小,水层总酸度越低,油的水解安定性越好。

8. 起泡性和空气释放性

在液压循环系统中,空气可能以各种方式混进液压油,液压油也能溶解一定量的空气,而且压力越高,溶解的空气量越大。空气在油中以气泡(直径大于 10 mm)和雾沫空气(直径小于 0.5 mm)两种形式出现。

起泡性是指油品生成泡沫的倾向,以及生成泡沫的稳定性。

空气释放性是指油品释放分散在油中雾沫空气的能力。混有空气的液压油,在工作时,会使系统的效率降低,润滑性能恶化,加速油品氧化。

液压设备在运转时,下列原因会使液压油产生气泡。

(1) 在油箱内液压油与空气一起受到剧烈搅动。

(2) 油箱内油面过低,油泵吸油时把一部分空气也吸进泵中。

因为空气在油中的溶解度在一定范围内是随压力增加而增加的,所以在高压区域,油中溶解的空气较多,当压力降低时,空气在油中的溶解度也随之降低,油中原来溶解的空气就会析出一部分,因而产生气泡。

液压油中混有气泡是很有害的,其害处如下。

(1) 气泡很容易被压缩,因而导致液压系统的压力下降,能量传递不稳定、不可靠、不准确,产生振动和噪声,使液压系统的工作不规律。

(2) 容易产生气蚀作用。当气泡受到油泵的高压作用时,气泡中的气体就会溶于油中,气泡所在的区域就会变成局部真空,周围的油液会以极高的速度来填补这些真空区域,形成冲击压力和冲击波。这种冲击压力可高达几十甚至上百兆帕,这就是气蚀作用。

这种冲击压力和冲击波作用于固体壁面上,就会产生气蚀,使机器损坏。

气泡在油泵中受到迅速压缩(绝热压缩)时,产生局部高温可高达 1 000 ℃,促使油品蒸发、热分解和气化,变质变黑。

液压油应有良好的抗泡性和空气释放性,即在设备运转过程中,产生的气泡要少,所产生的气泡要能很快破灭,以免与液压油一起被油泵吸进液压系统中,溶在油中的微小气泡必须容易释放出来。

传统上使用甲基硅油破泡,其破泡性能很好,在液压油中加入 10~100 ppm(1 ppm＝0.001‰),就可消除表面泡沫,但它抑制了油中小泡沫的释放。近年来人们采用了聚酯非硅泡剂(T912)。

液压油泡沫特性的测定方法(GB/T 12579—2002)是在规定条件下,测定液压油的泡沫倾向(吹气 5 min 结束时的泡沫体积)和泡沫稳定性(静止 10 min 结束时的泡沫体积)。

液压油空气释放性的测定方法是在规定条件下,将试样加热到一定温度(一般是 50 ℃),向试油中吹入过量的压缩空气,使试样剧烈搅动,空气在油中形成了小气泡(雾沫空气);停气后,立即记录油中雾沫空气体积减到 0.2% 的时间,这个时间即为空气释放值。

9. 清洁度与过滤性能

清洁度是指液压油所含固体颗粒及污染物的多少。过滤性能是指液压油中颗粒杂质和油泥胶质通过一定孔径滤网时的难易程度。如果杂质、油泥等不易滤掉,滤网将被堵塞,所以液压油必须具备符合液压系统要求的清洁度和过滤性能。

水溶于油中,会使某些添加剂水解生成不溶物,降低油的过滤性能。

液压油过滤性试验方法按 SH/T 0210—1992 进行,该方法是将 200 mL 试样在规定设备中,18~24 ℃下,650 mmHg 真空度下,通过 1.2 μm 滤膜,滤出 75 mL 试样时所需时间,定为无水试样的过滤性。含水试样过滤性是在 200 mL 的试样中加 2% 的水激振荡 5 min 后,按无水试样方法试验。

10. 适应性

适应性即材料的匹配性,是系统设计时必须考虑的一个重要问题。

液压油中作为摩擦改进剂和抗磨剂的磷酸酯类会使橡胶膨胀,作为极压剂和抗氧剂的硫化物对丁腈橡胶、硅橡胶有不良影响。

液压油密封适应性用 SH/T 0305—1993 中的测定法测定。具体方法是用标准橡胶环放在一个锥形规上测量其内径,然后将其浸泡在 100 ℃ 的试样中 24 h,待环冷却后再测量其内径,将内径变化换算成橡胶环体积膨胀百分数,此百分数即为密封适应指数。

五、液压油的选用

(1) 应根据各种环境或工况选择液压油类型,如表 6-9 所示。

表 6-9　液压油的选用

环境/工况	压力小于 7 MPa 温度在 50 ℃以下	压力为 7~14 MPa 温度在 50 ℃以下	压力为 7~14 MPa 温度为 50~80 ℃	压力大于 14 MPa 温度为 80~100 ℃
室内固定设备	HL	HM	HM	HM
露天、寒区、严寒区	HM 或 HS	HM 或 HS	HM 或 HS	HM 或 HS
地下、地上	HL	HL 或 HM	HL 或 HM	HM
高温热源或明火附近	HFAE 或 HFAS	HFB 或 HFC	HFDR	HFDR

(2) 根据各种液压泵选择液压油类型,如表 6-10 所示。

表 6-10　根据液压泵选用液压油

泵　　型		黏度(40 ℃)/(mm²/s)		适用液压油的 种类和黏度
		5～40 ℃	40～80 ℃	
叶片泵	7 MPa 以下	30～50	40～75	HM32、46、68
	7 MPa 以上	50～70	55～90	HM46、68、100
螺杆泵		30～50	40～68	HL32、46、68
齿轮泵		30～70	95～165	低压用 HL 高压用 HM32、46、68、100
径向柱塞泵		30～50	65～240	HM32、46、68、100、150
轴向柱塞泵		40	70～150	HM32、46、68、100、150

注:5～40 ℃、40～80 ℃系指液压系统工作温度范围。

六、液压油引起的机械故障

(1) 黏度太低,泵发出噪声、排量不足、出现内泄漏、压力阀不稳。

(2) 黏度太高,吸油不良、空穴、过滤器阻力大、管路阻力大、压力损失大,控制阀动作迟缓。

(3) 抗乳化不良,生锈、加速液压油变质老化。

(4) 变质老化,产生油泥、金属材料受腐蚀、磨损加大。

(5) 抗泡性不良,产生空穴、噪声、动作迟缓。

6.4 设备的润滑

俗话说:"多一些润滑,少一些摩擦"。科学润滑应从正确选油、购油、加油、用油、运行监测、超界限值油品康复处理一直到废油回收等各个环节着手,它是一个系统工程。

若将普通 HL 液压油改用相同黏度 HM 抗磨液压油,则液压泵使用寿命可提高 10 倍,1 台泵可当 10 台泵使用。

一、概述

1. 摩擦

相互接触的物体沿着它们的接触面作相对运动时,会产生阻碍它们相对运动的阻力,这种现象称为摩擦,产生的阻力称为摩擦力。

摩擦还存在摩擦热,效率下降 10%～15%,摩擦还引起磨损,最后使机械破坏。

2. 磨损

磨损是指两个相互接触的物体发生相对运动时,物体表面的物质不断地转移和损失的现象。

摩擦是不可避免的自然现象,磨损是摩擦的必然结果,二者均发生于材料表面。磨损的结果使相对运动的物体表面不断地有微粒脱落,使相对运动物体的表面性质、几何尺寸均发生改变。

通常按磨损机理将磨损分为黏着磨损、磨料磨损、疲劳磨损、腐蚀磨损和微动磨损等五种形式。

3. 润滑

润滑是在相对运动的两个接触表面(也称两摩擦面)之间加入润滑剂,从而在两摩擦面之间形成润滑膜,将直接接触的表面分隔开来,变干摩擦为润滑剂分子间的内摩擦,达到减少摩擦、降低磨损、延长机械设备使用寿命的目的。

4. 润滑的作用

1)减少摩擦

在摩擦面加入润滑剂,降低了摩擦系数,从而减少了摩擦阻力,减少了能源消耗。

2)减少磨损

润滑剂在摩擦面间可以减少磨料磨损、疲劳磨损、黏着磨损等,保持配合精度。

3)降低温度

润滑剂可以吸热、传热和散热,因而能降低由摩擦热造成的温度上升。

4)防腐防锈

摩擦面上有润滑剂存在,可以防止因空气、水滴、水蒸气、腐蚀性气体及液体、尘埃、氧化物引起锈蚀,保护金属表面。

5)清净分散

通过润滑剂的循环可以带走磨损微粒及外来介质等杂质。

6)密封作用

润滑剂使某些外露零部件形成密封,防止了水分杂质侵入。如内燃机的气缸与活塞的密封不漏气。

7)减振降噪

在系统受到冲击负荷作用时,润滑油可以吸收冲击能。

5. 润滑材料

凡是能降低摩擦力的介质都可作为润滑材料(也称为润滑剂、润滑油)。机械设备中常用的润滑剂有液体润滑剂、半固体润滑剂、固体润滑剂和气体润滑剂等。

(1)液体润滑剂:主要是矿物油和各种植物油、乳化液和水等。近年来性能优异的合成润滑油发展很快,得到广泛的应用,如聚醚、二烷基苯、硅油、聚全氟烷基醚等。

(2)半固体润滑剂:是指由矿物油或合成润滑油通过稠化而成的各种润滑脂、动物脂及半流体润滑脂。润滑脂俗称黄油或干油。

(3)固体润滑剂:主要有石墨、二硫化钼、二硫化钨、聚四氟乙烯和氮化硼等。

(4)气体润滑剂:如气体轴承中使用的空气、氮气和二氧化碳等气体,主要用于航空、航天及某些精密仪表的气体静压轴承。

6. 润滑油的种类

随着我国的石油工业迅速发展,润滑油的质量不断提高,品种亦不断增多,已达 200 种以上。

矿物润滑油是目前最重要的一种润滑剂,其使用量占润滑剂总使用量的 90% 以上。

矿物润滑油是利用以从原油提炼过程中蒸馏出来的高沸点物质,再经过精制而成的石油产品作为基础油,加入添加剂制成。按所有质量平均计算,基础油占润滑油配方的 95% 以上。

以软蜡、石蜡等为原料,用人工方法可生产合成润滑油。

植物油和蓖麻子油用于制取某些特种用途的高级润滑油。

根据不同的使用要求,矿物润滑油可分为以下十四类。

1）机械油

机械油呈浅红色半透明状,主要用于各种机械设备及其轴承的润滑。

2）齿轮油

齿轮油具有抗磨、抗氧化、抗腐蚀、抗泡等性能,主要用于齿轮传动装置。

齿轮油可分为闭式齿轮油、开式齿轮油、双曲线齿轮油等。

3）油膜轴承油

油膜轴承油的黏度指数高,有 16 号、21 号、26 号、31 号、35 号等牌号。

4）轧钢机油

28 号轧钢机油有较好的抗氧化安定性和一定的抗磨性能,常用于轧钢机支承辊的油膜轴承、重负荷的减速机及稀油循环润滑系统。

5）专用机床润滑油

20～40 号机械油用于一般机床,精密机床液压油、精密机床导轨油（防爬行）、精密机床液压导轨油、精密机床主轴油（2 号、4 号、6 号、10 号）等为专用机床润滑油,用于专用机床。

6）压缩机油

压缩机油呈深蓝色,13 号用于 4 MPa 以下的液压系统中,19 号用于 4 MPa 以上的液压系统中。压缩机油具有良好的抗氧化稳定性和油性,高的黏度和闪点,主要用于空气压缩机、鼓风机的气缸、阀和活塞杆的润滑。

7）汽轮机油（透平油）

汽轮机油呈浅黄透明状,有 22 号、30 号、46 号、57 号等牌号,可作抗磨液压油的基础油。汽轮机油具有良好的抗氧化稳定性、抗乳化性和防锈性,主要用于汽轮机轴承、透平泵、透平鼓风机、透平压缩机、风动工具等的润滑。

8）内燃机油

内燃机油具有高的抗氧化性、抗腐蚀性能和一定的低温流动性,分为汽油机油和柴油机油两种。柴油机油含添加剂多,抗氧化性、抗腐蚀性强,含硫量和酸度较高。

9）气缸油

气缸油具有较好的抗乳化性及较高的黏度和闪点,在高温和高压蒸汽下能保持足够的油膜强度,分为气缸油、过热气缸油和合成气缸油三种。

10）车轴油

车轴油呈黑色,含胶质沥青,低温流动性好,用于铁路机车轴承。

11）冷冻机油

冷冻机油有 13 号、18 号、25 号、30 号、40 号等牌号。

12）真空泵油

真空泵油黏度为 45～80 cSt,用于 200 ℃ 以下的场合。

13）电器用油

电器用油用于变压器、开关等，按凝固点的高低划分牌号。电器用油具有绝缘性能和高抗氧化稳定性，凝固点较低，要求油中的胶质、沥青质、酸性氧化物、机械杂质和水分的含量少。按用途，电器用油分为变压器油、电器开关油、电缆油等。

14）液压油

液压油类别较多，参 6.3 节。

7. 添加剂的种类

添加剂的种类如表 6-11 所示。

表 6-11　添加剂的种类

代号	组　别	作　用	代号	组　别	作　用
T1	清净分散剂	防止油中酸性化合物进一步氧化，吸附并分散之	T6	黏度指数改进剂	增大油液的黏度
T2	抗氧防腐剂	防止油料氧化变质	T7	防锈剂	金属表面生成吸附膜，隔氧防锈，如石油黄酸钡
T3	极压抗磨剂	含硫、磷、氯的有机极性化合物，与金属形成化合膜，如氯化石蜡、硫化酮	T8	降凝剂	一般 0.1%～1%，烷基钠 0.5%～1.5%
T4	油性剂（摩擦改进）	含有极性分子，吸附金属表面，形成油膜	T9	抗泡剂	降低泡沫表面张力
T5	抗氧（金属减活）剂	抗氧化并形成坚韧薄膜	T10	抗乳化剂	—

二、润滑方式及先进润滑方法

1. 手工给油润滑

由操作人员使用油壶或油枪向润滑点的油孔、油嘴及油杯加润滑油称为手工给油润滑，这是一种最普遍、最简单的方法。

给油量依靠操作人员的感觉与经验加以控制。油注入油孔后，沿着摩擦副对偶表面流动，因润滑油的添加不均匀、不连续、无压力，故只适用于低速、轻负荷和间歇工作的部件和部位，主要用于低速、轻载和间歇工作的滑动面、开式齿轮、链条以及其他不经常使用的粗糙机械。

2. 滴油加油

滴油加油是指依靠油的自重，通过装在润滑点上的油杯中的针阀或油绳滴油进行润滑的一种方法。滴油加油的装置结构简单，使用方便，但是滴油加油的给油量不易控制，机械的振动、温度的变化及油面的高低都会影响给油量。而且高黏度的油不宜使用滴油加油方式用于润滑，针阀容易被堵塞。

3. 飞溅润滑

飞溅润滑是利用高速旋转零件或附加的甩油盘、甩油片散成飞沫向摩擦副供油的一种润滑方法，主要用于闭式齿轮副及曲轴轴承等处的润滑。油槽还能将部分溅散的润滑油引到轴承内以润滑轴承。飞溅润滑时，旋转零件或附件的圆周速度不应超过 12.5 m/s，否则将产生大量泡沫并引起润滑油变质。

4. 油环、油链、油轮润滑和油池润滑

油环润滑是指靠油环等机械零件随轴转动把油池中润滑油带到轴上,并被导入轴承中进行润滑的一种方法。这种润滑方法简单可靠,主要用于水平轴的润滑。

油环最好做成整体,油环的直径一般比轴径大 1.5～2 倍,可以在油环的内表面车几个圆环槽。油环润滑适用于润滑转速为 50～3000 r/min 的水平轴,圆周速度过高会因离心力而使油甩不到轴上,而圆周速度过低又可能带不起油或带的油量将不足。

油链与轴、油的接触面积都较大,在低速时也能随轴转动,所以油链润滑最适于低速机械。在高速运转时,油被剧烈搅动,故油链润滑不适于高速机械。

5. 强制压力润滑

强制压力润滑是泵将油压送到润滑部位的一种润滑方法。由于具有压力,强制压力润滑能克服旋转零件表面上产生的离心力,给油量比较充足,润滑效果好,冷却效果也较好,润滑可靠。强制压力润滑广泛地用于大型、重载的各种机械设备。强制压力润滑又可以分为全损耗性润滑、循环润滑、集中润滑等。

1) 全损耗性润滑

全损耗性润滑用于润滑需油量较少的各种设备的润滑点。电动机带动柱塞泵从油池中把油压送到润滑点,给油量通过调整间歇的柱塞的行程来调整,慢的几分钟发送一滴油,快的每秒钟发送几滴油。全损耗性润滑可用于单独润滑,也可用于将几个泵组合起来的集中润滑。

2) 循环润滑(含动压系统、静压系统和动静压混合系统)

循环润滑是液压泵从机身油池中把油压送到润滑,经过润滑部位后的油又回流到机身油池内而循环使用的一种润滑方法。

3) 集中润滑

集中润滑是由一个中心油箱向数个润滑部位供送润滑油的一种润滑方法,主要用于有大量润滑点的机械设备甚至整个车间或工厂。

集中润滑的优点是:可以任意部位,可以适应润滑部位的改变,能精确地分配润滑油,可实现机器启动前的预润滑,可控制润滑剂流动状态。

6. 油雾润滑

油雾润滑是利用压缩空气将油雾化,再经喷嘴(缩喉管)喷射到需要润滑的部位的一种润滑方法。如图 6-1 所示为油雾润滑设备图。

由于压缩空气和油雾一起被送到润滑部位,因此油雾润滑有较好的冷却润滑效果,可将轴承运行温度降低 10～15 ℃。油雾和压缩空气具有一定压力,可以防止摩擦表面被灰尘、磨屑污染。油雾润滑使内部金属表面总是形成一层润滑油膜,防止了锈蚀,使轴承寿命延长 6 倍。

油雾润滑缺点是:排出的空气中含有油雾粒子,会造成污染。因此,油雾润滑主要用于高速的滚动轴承及封闭齿轮、链条等。油雾润滑的润滑油雾分配准确、适量、无杂质污染。

7. 自润滑

自润滑是将具有润滑性能的固体润滑剂粉末与其他固体材料相混合并经压制、烧结成材,或是在多孔性材料中浸入固体润滑剂,或是用固体润滑剂直接压制成材,作为摩擦表面的一种润滑方法。

在自润滑的整个工作过程中,不需要加入润滑剂,仍能具有良好的润滑作用。

图 6-1 油雾润滑设备图

8. 最小量 MQL 润滑

最小量 MQL 润滑用油量极少，一般供油量不大于 50 mL/h。运送油的压缩空气还可以起到排除切削和冷却作用。最小量 MQL 润滑是一种节能又环保的润滑方式。

9. 边界润滑

除了干摩擦和流体润滑外，几乎各种摩擦副在相对运动时都存在着边界润滑状态。边界润滑状态是从摩擦面间的润滑剂分子间的内摩擦（即液体润滑）过渡到直接接触干摩擦之前的临界状态。这时，摩擦界面上存在着一层吸附的薄膜，这层薄膜被称为边界膜，其厚度通常为 0.1 μm 左右，具有一定的润滑性能。

10. 油气润滑

油气润滑是以压缩空气为动力，将稀油输送到润滑点的一种润滑方法。与油雾润滑不同的是，油气润滑的压缩空气把润滑油直接压送到润滑点后，润滑油不需要凝缩。

三、轧机润滑技术及管理

轧钢机简称轧机，轧机设备系统包括电动机、电动机联轴器、减速机、主联轴器、齿轮机座、万向接轴及其平衡装置、轧机工作机座以及卷取机和开卷机等。

1. 轧机对润滑的要求

1）干油润滑

热带钢连轧机中炉子的输入辊道、推钢机、出料机、立辊、机座、轧机辊道、轧机工作辊、轧机压下装置、万向接轴和支架、切头机、活套、导板、输出辊道、翻卷机、卷取机、清洗机、翻锭机、剪切机、圆盘剪、碎边机、垛板机等都用干油润滑。

2）稀油循环润滑

开卷机、机架、送料辊、滚剪机、导辊、转向辊和卷取机、齿轮轴、平整机等设备的润滑，各机架的油膜轴承系统等采用稀油循环润滑。

3）油雾润滑和油气润滑

高速高精度轧机的轴承用油雾润滑和油气润滑。

4）轧机工艺润滑冷却常用介质

在轧钢过程中，为了减小轧辊与轧材之间的摩擦力、降低轧制力和功率消耗，使轧材易于延伸，控制轧制温度，提高轧制产品质量，必须在轧辊和轧材接触面间加入轧机工艺润滑冷却介质。

2. 轧机润滑采用的润滑油、脂

1）轧机常用的润滑油、脂

轧机常用的润滑油、脂如表 6-12 所示。

表 6-12　轧机常用的润滑油、脂

设 备 名 称	润滑材料选用	设 备 名 称	润滑材料选用
小型轧机	L-AN100、L-150 全损耗性系统用油或中负荷工业齿轮油	轧机油膜轴承	油膜轴承油
		干油集中润滑系统、滚动轴承	1 号、2 号钙基脂或锂基脂
中小功率齿轮减速器	L-AN68、LAN-l00 全损耗性系统用油或中负荷工业齿轮油	重型机械、轧机	1、4 号、5 号钙基脂
高负荷及苛刻条件用齿轮、蜗轮、链轮	中、重负荷工业齿轮油	干油集中润滑系统,轧机辊道	压延机脂（1 号用于冬季、2 号用于夏季）或极压锂基脂、中、重负荷工业齿轮油
轧机主传动齿轮和压下装置,剪切机、推床	轧钢机油,中、重负荷工业齿轮油	干油集中润滑系统、齿轮箱、联轴器	复合钙铅脂、中、重负荷工业齿轮油

2）轧机典型部位润滑形式的选择

轧机工作辊辊缝间、轧材、工作辊和支承辊的润滑与冷却、轧机工艺润滑与冷却系统均采用稀油循环润滑。

轧机工作辊和支承辊轴承一般用干油润滑,高速时用油膜轴承和油雾润滑、油气润滑。

轧机齿轮机座、减速机、电动机轴承、电动压下装置中的减速器,采用稀油循环润滑。

轧机辊道、联轴器、万向接轴及其平衡机构、轧机窗口平面导向摩擦副采用干油润滑。

3. 轧机的常用润滑系统

重型机械(包括轧机及其辅助机械设备)常用润滑装置有干油润滑装置、稀油润滑装置、油雾润滑装置,国内润滑机械设备已基本可成套供给。

稀油润滑装置的工作介质采用黏度等级为 N22～N460 的工业润滑油,循环冷却装置采用列管式油冷却器。

稀油润滑装置的公称压力为 0.63 MPa;冷却水温度小于或等于 30 ℃;冷却水压力小于0.4 MPa;冷却器的进油温度为 50 ℃时,润滑油的温降大于或等于 8 ℃。

稀油润滑装置的主要润滑元件压力范围是 10 MPa、20 MPa、40 MPa。

1）稀油集中润滑系统和干油集中润滑系统

轧机上采用了不同的润滑方法,如一些简单结构的滑动轴承、滚动轴承等零部件可以用油杯、油环等单体分散润滑方式,对复杂的整机及较为重要的摩擦副则采用了稀油集中润滑系统或干油集中润滑系统。

从驱动方式来看,集中润滑系统可分为手动集中润滑系统、半自动集中润滑系统和自动操纵集中润滑系统三类系统,从管线布置等方面来看,可分为节流式集中润滑系统、单线式集中润滑系统、双线式集中润滑系统、多线式集中润滑系统、递进式集中润滑系统等。

2）轧钢机油膜轴承润滑系统

轧钢机油膜轴承润滑系统有动压系统、静压系统和动静压混合系统三种。

通过轴承副轴颈的旋转将润滑油带入摩擦表面，由于润滑油的黏性和其在轴承副中的楔形间隙形成的流体动力作用而产生油压，即形成承载油膜，保护工作表面，形成所谓的流体动压润滑。

油膜轴承 20 世纪 30 年代开始用于轧钢机，摩擦系数低至 0.001。

动压轴承的液体摩擦条件在轧辊有一定转速时才能形成，且供压须控制在 0.24～0.38 MPa，温度须控制在 40 ℃左右。如图 6-2 所示，滑动轴承流体动压润滑包括静止状态、开始启动、不稳定状态、稳定状态四个过程。

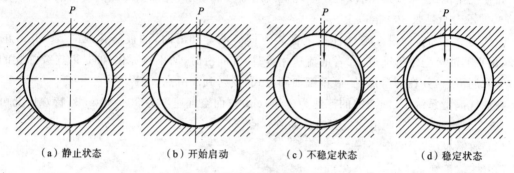

| （a）静止状态 | （b）开始启动 | （c）不稳定状态 | （d）稳定状态 |

图 6-2　滑动轴承流体动压润滑

（1）处于静止状态时，轴的下部中间与滑动轴承接触，轴的两侧形成了楔形间隙。

（2）开始启动时，轴滚向一侧，具有一定黏度的油液黏附在轴颈表面，随着轴的转动，润滑油被不断带入楔形间隙，润滑油在楔形间隙中只能沿轴向溢出，但轴颈有一定长度，润滑油的黏度使其沿轴向的流动受到阻力而流动不畅，这样，润滑油就聚积在楔形间隙的尖端互相挤压，从而使润滑油的压力升高，随着轴的转速不断上升，楔形间隙尖端处的油压也越升越高，形成一个压力油楔逐渐把轴抬起，此时轴处于一种不稳定状态。

（3）处于不稳定状态时，轴心位置随着轴被抬起而逐渐向轴承中心另一侧移动，当达到一定转速后，轴就趋于稳定状态。

（4）处于稳定状态时，油楔作用于轴上的压力总和与轴上负荷（包括轴的自重）相平衡，轴与轴承的表面完全被一层油膜隔开，实现了液体润滑，这就是动压液体润滑的油楔效应。

由于流体动压润滑的油膜是借助于轴的运动而建立的，一旦轴的速度降低（如启动和制动的过程中），油膜就不足以把轴和轴承隔开。另外，如负荷过重或轴的转速低，都有可能建立不起足够厚度的油膜，从而不能实现动压润滑。

当轧钢机启动、制动或反转时，其速度变化就不能保障液体摩擦条件，限制了动压轴承的使用范围。

实现流体动压润滑必须具备以下条件。

（1）两相对运动的摩擦表面，必须沿运动的方向形成收敛——楔形间隙。

（2）两摩擦面应具有足够的相对速度。

（3）润滑油具有适当的黏度。

（4）外负荷必须小于油膜所能承受的最大负荷极限值。

（5）摩擦表面的加工精度应较高。

（6）进油口不能开在油膜的高压区。

静压轴承靠静压力使轴颈浮在轴承中,高压油膜的形成和转速无关。静压轴承在启动、制动、反转,甚至静止时,都能保障液体摩擦条件,承载能力大、刚性好,可满足任何负荷、速度的要求,适用于专用高压系统(工作压力达 70 MPa 以上),且制造费用高。

所以,在启动、制动、反转、低速时用静压系统供高压油,而高速时关闭静压系统、用动压系统供油的动静压混合系统效果更为理想。

4. 轧机轴承的油气润滑系统

目前,80%以上高速线材轧机滚动轴承都采用了油气润滑系统。

如攀枝花钢铁(集团)公司冷轧厂主轧机改用油气润滑后,耗油量降低到使用油雾润滑系统的 1/5,轴承寿命延长 300 倍以上。

油气润滑与油雾润滑在流体性质上截然不同。油雾润滑时,油被雾化成 $0.5 \sim 2\mu m$ 的雾粒,雾化后的油雾随空气前进,二者的流速相等;油气润滑时,油不被雾化,油是以连续油膜的方式被导入润滑点,并在润滑点处,以精细油滴方式,喷射到润滑点。

在油气润滑系统中,润滑油的流速为 $2 \sim 5$ cm/s;而空气速度为 $30 \sim 80$ m/s,特殊情况可高达 $150 \sim 200$ m/s。油气润滑系统具有一系列优点。

（1）油不雾化,不污染环境。

（2）计量精确。

（3）可以将轴承的寿命提高 $3 \sim 6$ 倍。

（4）大幅降低润滑设备运行和维护费用。

（5）适用于高速、重载、高温工况,以及受脏物、水和化学性流体侵蚀的场合。

（6）润滑油耗量微小,只相当于喷油润滑 $1/10 \sim 1/30$。

德国 REBS 公司首先提出油气润滑的概念,发明了 TURBOLUB 油气分配器,使油气润滑得到了应用和发展。

如图 6-3 所示为轧机圆锥轴承的油气润滑系统。它是以步进式给油器定时、定量间断地供给润滑油,用 $0.3 \sim 0.4$ MPa 的压缩空气,沿油管内壁将油吹向润滑点,将油品准确地供应到最需要的润滑部位上。

5. 轧机常用润滑设备的安装、清洗、维修

1) 常用润滑设备的检查安装

认真审查润滑装置和机械设备的布管图纸、地基图纸,确认连接、安装无误后,进行安装。

安装前,对装置、元件进行检查,产品必须有合格证,必要的装置和元件要检查清洗,然后进行预安装(对较复杂系统)。

预安装完成后,清洗管道,并检查元件和接头,如有损失、损伤,则用合格、清洁件增补。

管道清洗方法:先用四氯化碳脱脂或氢氧化钠脱脂后,用温水清洗;再用质量分数为10%～15%盐酸、质量分数为 1%乌洛托品(此溶液温度应为 $40 \sim 50$ ℃)浸渍或清洗 $20 \sim 30$ min,然后用温水清洗;再用质量分数为 1%的氨水溶液(此溶液温度为 $30 \sim 40$ ℃)浸渍和清洗 $10 \sim 15$ min 中和之后,用蒸气或温水清洗;最后用清洁的干燥空气吹干,涂上防锈油,待正式安装使用。

2) 常用润滑设备的清洗、试压、调试

润滑设备正式安装后,再清洗循环一次为好,以保障润滑设备工作可靠。

干油润滑系统和稀油润滑系统的循环清洗时间为 $8 \sim 12$ h,稀油压力为 $2 \sim 3$ MPa,清洁度

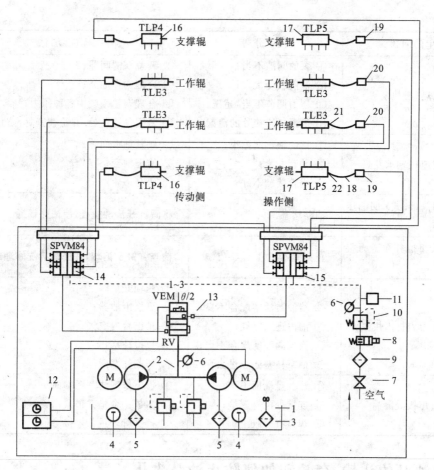

图 6-3　轧机圆锥轴承的油气润滑系统

1—油箱；2—油泵；3—油位控制器；4—油位镜；5—过滤器；6—压力计；7—阀；

8—电磁阀；9—过滤器；10—减床阀；11—压力监测器；12—电子监控装置；13—步进式给油器；

14、15—油气混合器；16、17—油气分配器；18—软管；19、20—阀；21、22—软管接头

为 NAS11、NAS12。

对清洗后的润滑系统，应以额定压力保压 10～15 min 试验。应逐渐升压，及时观察处理问题。

试验之后，按设计说明书对压力继电器、温度、液位和诸电器联锁进行调定后，方可投入使用。

3）常用润滑设备的维修

轧机操作人员一定要努力了解其润滑设备、装置、元件图样、说明书等资料，从技术上掌握使用、维护修理的相关资料，以便使用、维护与修理。

稀油站、干油站常见事故与处理如表 6-13 所示。

表 6-13　稀油站、干油站常见事故与处理

发生的问题	原 因 分 析	解 决 方 法
油站压力骤然高	管路堵塞不通	检查管路，取出堵塞物
稀油泵轴承发热	轴承间隙太小	检查间隙，重新研合，将间隙调整到 0.06～0.08 mm

续表

发生的问题	原因分析	解决方法
稀油泵发热(滑块泵)	① 泵的间隙不当; ② 油液黏度太大; ③ 压力调节不当,超压; ④ 油泵各连接处的泄漏	① 调整泵的间隙; ② 合理选择油品; ③ 合理调整系统中各种压力; ④ 紧固各连接处,并检查密封,防止泄漏
干油站减速机轴承发热	① 滚动轴承间隙小; ② 轴套太紧; ③ 蜗轮接触不好	① 调整轴承间隙; ② 修理轴套; ③ 研合蜗轮
液压换向阀(环式)回油压力表不动作	油路堵塞	将阀拆开清洗检查,使油路畅通
压力操纵阀推杆在压力很低时动作	止回阀不正常	检查弹簧及钢球,并进行清洗修理或换新的
干油站压力表挺不住压力	① 安全阀坏了; ② 给油器活塞配合不良; ③ 油内进入空气; ④ 换向阀柱塞配合不严; ⑤ 油泵柱塞间隙过大	① 修理安全阀; ② 更换给油器; ③ 排出管内空气; ④ 更换柱塞; ⑤ 研配柱塞间隙
连接处与焊接处漏油	① 法兰盘端面不平; ② 连接处没有放垫; ③ 焊口有砂眼	① 拆下修理法兰盘端面; ② 多放一个垫并锁紧; ③ 拆下管子重新焊接

四、油品的运输、存放和如何防止油品劣化

1. 油品的运输与存放

1) 保持储油容器清洁干净

往油罐内卸油或将油灌桶前,必须认真检查罐、桶内部,清除水和污染物质,做到不清洁不灌装。各种储油罐内壁应涂刷防腐涂层,减少铁锈落入油中。一般可使用生漆或环氧树脂等涂料对储油罐内壁进行涂刷,效果较好。

2) 加强桶装、听装油品的管理

桶装油品要配齐胶圈,拧紧桶盖,尽量入库存放。露天存放的装油桶要卧放或斜放,防止桶面积水。应避免在风沙、雨雪天或空气中尘埃较多的条件下露天灌装作业,以防水杂侵入。雨雪后应及时清扫桶上的水和雪,定期擦去桶面尘土,并经常抽检桶底油样,如有水杂应及时抽掉。

听装油品及溶剂油、各种高档润滑油、润滑脂等严禁露天存放。

3) 定期检查储油罐底部状况并清洗储油容器

油品储存的时间越长,氧化产生的沉积物越多,对油品质量的影响越严重。因此,必须每年检查罐底一次,以判断是否需要清洗。

要求各种油罐的清洗周期是:轻质油和润滑油储罐每3年清洗1次;重柴油储罐每2.5年清洗1次。

4）定期抽检库存油品，确保油品质量

定期对库存油品抽样化验可防止在保管过程中质量变化。桶装油品每 6 个月复验一次，罐存油品可根据其周转情况每 3 个月至 1 年复验一次。对易于变质、稳定性差、存放周期长的油品，应缩短复验周期。

5）加强油中水含量的监测

室外使用的液压设备，最好用防风雨帐篷遮盖；油箱呼吸孔装干燥器；有条件的系统可安装"超级吸附型"干燥过滤器。

2. 防止油品劣化

（1）防止油品蒸发、氧化。一些油品，特别是汽油、溶剂油等，蒸发性较强。由于蒸发，除大量的轻组分损失外，也会引起油品理化性质的变化。

（2）减少空气污染。空气在液压油中也是以两种状态存在：一是溶解在油中，一是以游离状态存在。其中，空气以游离状态存在对系统的破坏较为严重，它可降低油液的弹性模量，引起系统工作响应迟缓，引起油液氧化而变质，引起气穴使泵打不出油而干摩擦。

（3）减少软颗粒污染（漆膜）。

（4）减少水污染。

（5）减少混油污染。

（6）防止超温使用。

（7）减少固体颗粒物污染。

（8）防止金属催化。

第 7 章
液压系统的设计技巧及实例

◀ **本模块学习内容**

本章主要介绍液压传动系统的设计方法和步骤,以及设计实例和设计禁忌。

7.1 液压系统的设计方法

液压系统是液压机械的一个组成部分,液压系统的设计要同主机的总体设计同时进行。着手液压系统设计时,必须从实际情况出发,有机地结合各种传动形式,充分发挥液压传动的优点,力求设计出结构简单、工作可靠、成本低、效率高、操作简单、维修方便的液压传动系统。

一、液压系统设计概要

1. 液压系统的设计原则

(1)满足主机功能和性能要求。

(2)重量轻。

(3)体积小。

(4)成本低。

(5)结构简单。

(6)工作可靠。

(7)使用、维护方便。

(8)优先采用国产元件。

2. 液压系统设计中的注意事项

(1)有利于系统改造、改善性维修。

(2)复杂液压设计交给设计院。

(3)国产液压元件不宜用于高压液压系统(21 MPa 以上工作压力)。

(4)进口液压元件与国产液压元件价高 5~10 元,另外应注意所用元件是否为合资产品或假进口产品。

(5)最好找专家审核。

3. 液压系统的设计步骤

液压系统的各设计环节并无严格的顺序,各环节间往往要相互穿插进行。一般来说,在明确设计要求之后,液压系统大致按如下步骤进行。

(1)确定液压执行元件的形式。

(2)进行工况分析,确定系统的主要参数。

(3)制订基本方案,拟订液压系统原理图。

(4)选择液压元件。

(5)液压系统的性能验算。

(6)绘制工作图,编制技术文件。

4. 明确液压系统设计要求

设计要求是进行每项工程设计的依据。在制订基本方案并进一步着手液压系统各部分设计之前,必须把液压系统设计要求及与该设计内容有关的其他方面了解清楚。

(1) 主机的概况:包括用途、性能、工艺流程、作业环境、总体布局等。

(2) 液压系统要完成哪些动作,动作顺序及彼此联锁关系如何。

(3) 液压驱动机构的运动形式,运动速度。

(4) 各动作机构的载荷大小及其性质。

(5) 对调速范围、运动平稳性、转换精度等性能方面的要求。

(6) 自动化程度、操作控制方式的要求。

(7) 对防尘、防爆、防寒、噪声、安全可靠性的要求。

(8) 对效率、成本等方面的要求。

二、计算确定液压系统的主要参数

通过工况分析,可以看出液压执行元件在工作过程中的速度和载荷变化情况,为确定系统及各执行元件的参数提供依据。

液压系统的主要参数是压力和流量,它们是设计液压系统、选择液压元件的主要依据。液压系统的压力取决于外负荷,流量取决于液压执行元件的运动速度和结构尺寸。

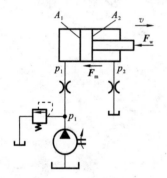

图 7-1 以一个液压缸为执行元件的液压系统计算简图

1. 液压缸的负荷组成与计算

如图 7-1 所示为以液压缸为执行元件的液压系统计算简图。各有关参数标注在了图中,其中 F_w 是作用在活塞杆上的外负荷,F_m 是活塞与缸壁及活塞杆与导向套之间的密封阻力。

作用在活塞杆上的外负荷包括工作负荷 F_g,导轨的摩擦力 F_f 和由于速度变化而产生的惯性力 F_a。

(1) 工作负荷 F_g。

液压缸常见的工作负荷有作用于活塞杆轴线上的重力、切削力、挤压力等。若这些作用力的方向与活塞运动方向相同,则力的大小取负值,相反取正值。

(2) 导轨摩擦负荷 F_f。

对平导轨

$$F_f = \mu(W + F_N)$$

对 V 型导轨

$$F_f = \frac{\mu(W + F_N)}{\sin \frac{\alpha}{2}}$$

式中　W——运动部件所受的重力(N);

　　　F_N——外负荷作用于导轨上的正压力(N);

　　　μ——摩擦系数,见表 7-1;

　　　α—— V 型导轨的夹角,一般为 90°。

(3) 惯性负荷 F_a。

$$F_a = \frac{W}{g} \cdot \frac{\Delta v}{\Delta t}$$

表 7-1　摩擦系数 μ

导 轨 类 型	导 轨 材 料	运 动 状 态	摩 擦 系 数
滑动导轨	铸铁对铸铁	启动时	$0.15\sim0.20$
		低速($v\leqslant0.16$ m/s)	$0.1\sim0.12$
		高速($v>0.16$ m/s)	$0.05\sim0.08$
滚动导轨	铸铁对滚柱(珠)	—	$0.005\sim0.02$
	淬火钢导轨对滚柱	—	$0.003\sim0.006$
静压导轨	铸铁	—	0.005

式中　g——重力加速度；$g=9.81$ m/s^2；

　　　Δv——速度变化量(m/s)；

　　　Δt——启动或制动时间(s)。一般机械取 $\Delta t=0.1\sim0.5$ s，对轻载低速运动部件取
　　　　　　小值，对重载高速部件取大值。行走机械一般取 $\Delta t=0.5\sim1.5$ m/s^2。

(4) 外负荷 $\boldsymbol{F}_\mathrm{w}$。

以上三种负荷之和称为液压缸的外负荷 $\boldsymbol{F}_\mathrm{w}$。

启动加速时

$$F_\mathrm{w}=F_\mathrm{g}+F_\mathrm{f}+F_\mathrm{a}$$

稳态运动时

$$F_\mathrm{w}=F_\mathrm{g}+F_\mathrm{f}$$

减速制动时

$$F_\mathrm{w}=F_\mathrm{g}+F_\mathrm{f}-F_\mathrm{a}$$

工作负荷 $\boldsymbol{F}_\mathrm{g}$ 并非每阶段都存在，如该阶段没有工作，则 $F_\mathrm{g}=0$。

除外负荷 $\boldsymbol{F}_\mathrm{w}$ 外，作用于活塞上的负荷还包括液压缸密封处的摩擦阻力 $\boldsymbol{F}_\mathrm{m}$。由于各种缸的密封材质和密封形成不同，密封阻力难以精确计算，一般估算为

$$F_\mathrm{m}=(1-\eta_\mathrm{m})F$$

式中　η_m——液压缸的机械效率，一般取 $0.90\sim0.95$；

　　　F——$F=F_\mathrm{w}/\eta_\mathrm{m}$。

2. 液压马达负荷力矩的组成与计算

(1) 工作负荷力矩 $\boldsymbol{T}_\mathrm{g}$。

常见的负荷力矩有被驱动轮的阻力矩、液压卷筒的阻力矩等。

(2) 轴颈摩擦力矩 $\boldsymbol{T}_\mathrm{f}$。

$$T_\mathrm{f}=G\mu r$$

式中　G——旋转部件施加于轴颈上的径向力(N)；

　　　μ——摩擦系数，参考表 7-1 选用；

　　　r——旋转轴的半径(m)。

(3) 惯性力矩 $\boldsymbol{T}_\mathrm{a}$。

$$T_\mathrm{a}=J\varepsilon=J\cdot\frac{\Delta\omega}{\Delta t}$$

式中　J——回转部件的转动惯量(kg·m^2)。

ε——角加速度($\mathrm{rad/s^2}$);

$\Delta\omega$——角速度变化量($\mathrm{rad/s}$);

Δt——启动或制动时间(s)。

(4)外负荷力矩 T_w。

以上三种力矩之和称为液压马达的外负荷力矩。

启动加速时

$$T_w = T_g + T_f + T_a$$

稳定运行时

$$T_w = T_g + T_f$$

减速制动时

$$T_w = T_g + T_f - T_a$$

计算液压马达载荷力矩 T 时,还要考虑液压马达的机械效率 η_m($\eta_m = 0.9 \sim 0.99$)。T 的计算公式为

$$T = \frac{T_w}{\eta_m}$$

三、绘制液压系统负荷、速度循环工况图

根据液压缸或液压马达各阶段的负荷,绘制出执行元件的载荷循环图,以便进一步选择液压系统工作压力和确定其他有关参数。

四、计算液压缸的主要结构尺寸和液压马达的排量

1. 初选液压系统工作压力

工作压力的选择要根据负荷大小和设备类型而定。另外,还要考虑执行元件的装配空间、经济条件及元件供应情况等的限制。在载荷一定的情况下,工作压力低,势必要加大执行元件的结构尺寸。对某些设备来说,尺寸若受到限制,从材料消耗角度看也不经济;反之,工作压力选得太高,对泵、缸、阀等元件的材质、密封、制造精度也要求很高,必然将提高设备成本。一般来说,对固定尺寸不太受限的设备,工作压力可以选低一些,行走机械重载设备的工作压力要选得高一些。具体选择可参考表 7-2 和表 7-3。

表 7-2　按负荷大小选择工作压力

负荷/kN	<5	5~10	10~20	20~30	30~50	50~500	500~1 000
工作压力/MPa	1	1~2	2~3	3~4	4~5	5~10	10~20

表 7-3　按机械类型选择工作压力

机械类型	磨床	组合机床	龙门刨床	拉床	农业机械、小型工程机械、建筑机械、液压凿岩机	液压机、大中型挖掘机、重型机械、起重运输机械
工作压力/MPa	1~2	3~5	2~8	8~10	10~18	20~32

2. 计算液压缸的主要结构尺寸

液压缸主要设计参数如图 7-2 所示。其中,图 7-2(a)为液压缸活塞杆工作在受压状态,图

7-2(b)为液压缸活塞杆工作在受拉状态。

活塞杆受压时

$$F=\frac{F_{\mathrm{w}}}{\eta_{\mathrm{m}}}=p_1A_1-p_2A_2$$

活塞杆受拉时

$$F=\frac{F_{\mathrm{w}}}{\eta_{\mathrm{m}}}=p_1A_2-p_2A_1$$

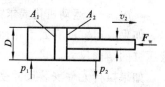

（a）液压缸活塞杆工作在受压状态

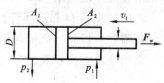

（b）液压缸活塞杆工作在受拉状态

图 7-2 液压缸主要设计参数

式中 $A_1=\dfrac{D^2\pi}{4}$——无杆腔活塞有效作用面积(m^2)；

  $A_2=\dfrac{(D^2-d^2)\pi}{4}$——有杆腔活塞有效作用面积($m^2$)；

  p_1——液压缸工作腔压力(MPa)；

  p_2——液压缸回油腔压力(MPa)，即背压力，其值根据
    回路的具体情况而定，初算时可参照表 7-4 取值，
    差动连接时要另行考虑；

  D——活塞直径(m)；

  d——活塞杆直径(m)。

表 7-4 执行元件背压力

系 统 类 型	背压力/MPa	系 统 类 型	背压力/MPa
回油路较短，且直接回油箱	可忽略	回油路设置有背压阀的系统	0.5～1.5
简单系统或轻载节流调速系统	0.2～0.5	用补油泵的闭式回路	0.8～1.5
回油路带调速阀的系统	0.4～0.6	回油路较复杂的工程机械	1.2～3

一般情况下，液压缸在受压状态下工作，其活塞面积为

$$A_1=\frac{(F+A_2p_2)}{p_1}$$

运用上式须事先确定 A_1 与 A_2 的关系，或是活塞杆径 d 与活塞直径 D 的关系，杆径比 d/D 按表 7-5 和表 7-6 选取。

表 7-5 按工作压力要求选取 d/D

工作压力/MPa	≤5.0	5.0～7.0	≥7.0
d/D	0.5～0.55	0.62～0.70	0.7

表 7-6 按速比要求确定 d/D

v_2/v_1	1.15	1.25	1.33	1.46	1.61	2
d/D	0.3	0.4	0.5	0.55	0.62	0.71

注：v_1——无杆腔进油时活塞运动速度；

  v_2——有杆腔进油时活塞运动速度。

另外，采用差动连接时，$v_1/v_2=(D^2-d^2)/d^2$。如要求往返速度相同时，应取 $d=0.71D$。
对行程与活塞杆直径比 $l/d>10$ 的受压柱塞或活塞杆，还要做压杆稳定性验算。
当工作速度很低时，还须按最低速度要求验算液压缸尺寸：

$$A \geqslant \frac{q_{min}}{v_{min}}$$

式中　　A——液压缸有效工作面积;

　　　　q_{min}——系统最小稳定流量,在节流调速中取决于回路中所设调速阀或节流阀的最小稳定流量,容积调速中决定于变量泵的最小稳定流量;

　　　　v_{min}——运动机构要求的最小工作速度。

如果液压缸的有效工作面积 A 不能满足最低稳定速度的要求,则应按最低稳定速度确定液压缸的结构尺寸。

如果执行元件安装尺寸受到限制、液压缸的缸径及活塞杆的直径须事先确定时,可按载荷的要求和液压缸的结构尺寸来确定系统的工作压力。

液压缸直径 D 和活塞杆直径 d 的计算值要按国家标准规定的液压缸的有关要求进行圆整。若圆整后得到的数值与标准液压缸参数相近,最好选用国产标准液压缸,免于自行设计加工。常用液压缸内径及活塞杆直径如表 7-7、表 7-8 所示。

表 7-7　常用液压缸内径 D(mm)

40	50	63	80	90	100	110
125	140	160	180	200	220	250

表 7-8　活塞杆直径 d(mm)

速　比	缸　径						
	40	50	63	80	90	100	110
1.46	22	28	35	45	50	55	63
2			45	50	60	70	80
速　比	缸　径						
	125	140	160	180	200	220	250
1.46	70	80	90	100	110	125	140
2	90	100	110	125	140		

3. 计算液压马达的排量

液压马达的排量计算公式为

$$V = \frac{2\pi T}{\Delta p}$$

式中　　T——液压马达的负荷转矩(N·m);

　　　　Δp——$\Delta p = p_1 - p_2$,液压马达的进、出口压差(MPa)。

液压马达的排量也应满足最低转速要求:

$$V \geqslant \frac{q_{min}}{n_{min}}$$

式中　　q_{min}——通过液压马达的最小流量(L/min);

　　　　n_{min}——液压马达工作时的最低转速(r/min)。

4. 计算液压缸或液压马达所需流量

(1) 液压缸工作时所需流量。

$$q = Av$$

式中　A——液压缸有效作用面积(m^2)；

　　　v——活塞与缸体的相对速度(m/s)。

（2）液压马达的流量。

$$q = Vn$$

式中　V——液压马达排量(m^3/r)；

　　　n——液压马达的转速(r/s)。

5. 绘制液压系统工况图（可略）

液压系统工况图包括压力循环图、流量循环图和功率循环图。它们是调整系统参数、选择液压泵、阀等元件的依据。

1）压力循环图——$p\text{-}t$ 图

通过最后确定的液压执行元件的结构尺寸，再根据实际载荷的大小，倒求出液压执行元件在其动作循环各阶段的工作压力，然后把它们绘制成 $p\text{-}t$ 图。

2）流量循环图——$q\text{-}t$ 图

根据已确定的液压缸有效工作面积或液压马达的排量，结合其运动速度算出它在工作循环中每一阶段的实际流量，把它绘制成 $q\text{-}t$ 图。若系统中有多个液压执行元件同时工作，要把各自的流量图叠加起来绘出总的流量循环图。

3）功率循环图——$P\text{-}t$ 图

绘出压力循环图和总流量循环图后，根据 $P = pq$，即可绘出系统的功率循环图。

五、制订基本方案，绘制液压系统图

1. 制订调速方案

液压执行元件确定之后，其运动方向和运动速度的控制是拟订液压回路的核心问题。

方向控制用换向阀或逻辑控制单元来实现。对一般中小流量的液压系统，大多通过换向阀的有机组合实现所要求的动作。对高压大流量的液压系统，现多采用插装阀与先导控制阀的逻辑组合来实现。

速度控制通过改变液压执行元件输入或输出的流量或者利用密封空间的容积变化来实现。相应的调速方式有节流调速、容积调速及二者的结合——容积节流调速三种。

（1）节流调速一般采用定量泵供油，用流量控制阀改变输入或输出液压执行元件的流量来调节速度。此种调速方式结构简单，但由于这种系统必须用溢流阀，故效率低、发热量大，多用于功率不大的场合。

（2）容积调速靠改变液压泵或液压马达的排量来达到调速的目的。其优点是没有溢流损失和节流损失，效率较高。但为了散热和补充泄漏，需要有辅助泵。此种调速方式适用于功率大、运动速度高的液压系统。

（3）容积节流调速一般用变量泵供油、用流量控制阀调节输入或输出液压执行元件的流量，并使其供油量与需油量相适应。此种调速回路效率较高、速度稳定性较好，但其结构比较复杂。

另外，节流调速又分别有进油节流、回油节流和旁路节流三种形式。其中，进油节流启动冲击较小，回油节流常用于有负载荷的场合，旁路节流多用于高速。

调速回路一经确定,回路的循环形式也就随之确定了。

节流调速一般采用开式循环形式。在开式系统中,液压泵从油箱吸油,压力油流经系统释放能量后,再排回油箱。开式回路结构简单、散热性好,但油箱体积大,容易混入空气。

容积调速大多采用闭式循环形式。在闭式系统中,液压泵的吸油口直接与执行元件的排油口相通,形成一个封闭的循环回路。闭式回路结构紧凑,但散热条件差。

2. 制订压力控制方案

液压执行元件工作时,要求系统保持一定的工作压力或处在一定压力范围内工作,也有的液压执行元件工作时需要多级或无级连续地调节压力。一般的节流调速系统中,通常由定量泵供油,用溢流阀调节至所需压力,并保持恒定;在容积调速系统中,用变量泵供油,用安全阀起安全保护作用。

在有些液压系统中,有时需要流量不大的高压油,这时可考虑用增压回路得到高压,而不用单设高压泵。液压执行元件在工作循环中,在某段时间不需要供油而又不便停泵的情况下,需考虑选择卸荷回路。

在液压系统的某个局部,工作压力需低于主油源压力时,要考虑采用减压回路来获得所需的工作压力。

3. 制订顺序动作方案

根据设备类型不同,主机各执行机构的顺序动作,有的按固定程序运行,有的则是随机的或人为的。

工程机械的操纵机构多为手动,一般用手动的多路换向阀控制。

加工机械的各执行机构的顺序动作多采用行程控制,当工作部件移动到一定位置时,通过电气行程开关发送电信号给电磁铁,推动电磁阀或直接压下行程阀来控制接续的动作。行程开关安装比较方便,而用行程阀需连接相应的油路,因此只适用于管路连接比较方便的场合。

另外,还有时间控制、压力控制等。例如液压泵无载启动,经过一段时间后,泵正常运转后,延时继电器发出电信号使卸荷阀关闭,建立起正常的工作压力。压力控制多用在带有液压夹具的机床、挤压机压力机等场合。当某一执行元件完成预定动作时,回路中的压力达到一定的数值,通过压力继电器发出电信号或打开顺序阀,使压力油通过,来启动下一个动作。

4. 选择液压动力源

液压系统的工作介质完全由液压源来提供,液压源的核心是液压泵。节流调速系统一般用定量泵供油,在无其他辅助油源的情况下,液压泵的供油量要大于系统的需油量,多余的油经溢流阀流回油箱,溢流阀同时起到控制并稳定油源压力的作用。容积调速系统多数用变量泵供油、用安全阀限定系统的最高压力。

为节省能源、提高效率,液压泵的供油量要尽量与系统的所需流量相匹配。对在工作循环各阶段中系统所需油量相差较大的情况,一般采用多泵供油或变量泵供油。对长时间所需流量较小的情况,可增设蓄能器做辅助油源。

油液的净化装置是液压源中不可缺少的装置。一般泵的入口要装有粗过滤器,进入系统的油液根据被保护元件的要求,通过相应的精过滤器再次过滤。为防止系统中杂质流回油箱,可在回油路上设置磁性过滤器或其他形式的过滤器。根据液压设备所处环境及对温升的要求,还要考虑采取加热、冷却等措施。

5. 绘制液压系统图

整机的液压系统图由拟订好的控制回路及液压源组合而成。各回路相互组合时要去掉重复多余的元件,力求系统结构简单。另外:要注意各元件间的联锁关系,避免误动作发生;要尽量减少能量损失环节,提高系统的工作效率。

为便于液压系统的维护和监测,在系统中的主要路段要装设必要的检测元件,如压力表、温度计等。

大型设备的关键部位要附设备用件,以便意外事件发生时能迅速更换,保证主机连续工作。

各液压元件尽量采用国产标准件,在图中要按国家标准规定的液压元件职能符号的常态位置绘制。对自行设计的非标准元件可用结构原理图绘制。

系统图中应注明各液压执行元件的名称和动作、各液压元件的序号及各电磁铁的代号,并附有电磁铁、行程阀及其他控制元件的动作表。

六、液压元件的选择与专用件的设计

1. 液压泵的选择

1) 确定液压泵的最大工作压力 p_p

$$p_p \geqslant p_1 + \sum \Delta p$$

式中　p_1——液压缸或液压马达最大工作压力(MPa);

$\sum \Delta p$——从液压泵出口到液压缸或液压马达入口之间总的管路的压力损失(MPa)。

$\sum \Delta p$ 的准确计算要待元件选定并绘出管路图时才能进行,初算时可按经验数据选取:管路简单、流速不大的,取 $\sum \Delta p = 0.2 \sim 0.5$ MPa;管路复杂、进口有调速阀的,取 $\sum \Delta p = 0.5 \sim 1.5$ MPa。

2) 确定液压泵的流量 q_p

多个液压缸或液压马达同时工作时,液压泵的输出流量应为

$$q_p \geqslant K\left(\sum q_{max}\right)$$

式中　K——系统泄漏系数,一般取 $K = 1.1 \sim 1.3$;

$\sum q_{max}$——同时动作的液压缸或液压马达的最大总流量,可从 q-t 图上查得。对在工作过程中用节流调速的系统,还须加上溢流阀的最小溢流量,常取最小溢流量 0.5×10^{-4} m³/s。

系统使用蓄能器作辅助动力源时

$$q_p \geqslant \sum_{i=1}^{z} \frac{V_i K}{T_i}$$

式中　K——系统泄漏系数,一般取 $K = 1.2$;

V_i——每一个液压缸或液压马达在工作周期中的总耗油量(m³);

T_i——液压设备工作周期(s);

z——液压缸或液压马达的个数。

3) 选择液压泵的规格

根据以上求得的 p_p 和 q_p 值,按系统中拟订的液压泵的形式,从产品样本或手册中选择相

应的液压泵。为使液压泵有一定的压力储备,所选泵的额定压力一般要比最大工作压力大25%~60%。

4)确定液压泵的驱动功率

在工作循环中,如果液压泵的压力和流量比较恒定,即 p-t 图、q-t 图变化较平缓,则

$$P = \frac{p_p q_p}{\eta_p}$$

式中 p_p——液压泵的最大工作压力(MPa);

q_p——液压泵的流量(m^3/s);

η_p——液压泵的总效率,参考表 7-9 选择。

表 7-9 液压泵的总效率

液压泵类型	齿 轮 泵	叶 片 泵	柱 塞 泵	螺 杆 泵
总效率	0.6~0.85	0.60~0.90	0.80~0.95	0.65~0.80

限压式变量叶片泵的驱动功率可按流量特性曲线拐点处的流量、压力值计算。一般情况下,可取 $q_p = 0.8 q_{pmax}$,$q_p = q_n$。

$$P = \frac{0.8 q_{pmax} q_n}{\eta_p}$$

式中 q_{pmax}——液压泵的最大工作压力(MPa);

q_n——液压泵的额定流量(m^3/s)。

在工作循环中,如果液压泵的流量和压力变化较大,即 q-t 图、p-t 曲线起伏变化较大,则须分别计算出各个动作阶段内所需功率,驱动功率取其平均功率:

$$P_{PC} = \sqrt{\frac{P_1^2 t_1 + P_2^2 t_2 + \cdots + P_n^2 t_n}{t_1 + t_2 + \cdots + t_n}}$$

式中 $t_1, t_2, \cdots, t_n$——一个循环中每一动作阶段内所需的时间(s);

$P_1, P_2, \cdots, P_n$——一个循环中每一动作阶段内所需的功率(W)。

按平均功率选出电动机功率后,还要验算一下每一阶段内电动机超载量是否都在允许范围内。电动机允许的短时间超载量一般为 25%。

2. 液压阀的选择

1)阀的规格

根据液压系统的工作压力和实际通过该阀的最大流量选择有定型产品的阀件。溢流阀按液压泵的最大流量选取;选择节流阀和调速阀时,要考虑最小稳定流量应满足执行机构最低稳定速度的要求。

控制阀的流量一般要选得比实际通过的流量大一些,必要时也允许有 20% 以内的短时间过流量。

2)阀的类型

按安装和操作方式选择阀的类型。

3. 蓄能器的选择

根据蓄能器在液压系统中的功用,确定其类型和主要参数。

(1)液压执行元件短时间快速运动,由蓄能器来补充供油,其有效工作容积为

$$\Delta V = \sum A_i l_i K - q_p t$$

式中　A_i——i 时刻液压缸有效作用面积(m^2)；

　　　　l_i——i 时刻液压缸行程(m)；

　　　　K——油液损失系数，一般取 $K=1.2$；

　　　　q_p——液压泵流量(m^3/s)；

　　　　t——动作时间(s)。

（2）作应急能源，其有效工作容积为

$$\Delta V = \sum A_i l_i K$$

式中　$\sum A_i l_i$——要求应急动作液压缸总的工作容积(m^3)。

有效工作容积算出后，先根据有关蓄能器的相应计算公式，求出蓄能器的容积，再根据其他性能要求，即可确定所需蓄能器。

4. 管道尺寸的确定

（1）管道内径计算。

$$d = \sqrt{\frac{4q}{\pi v}}$$

式中　q——通过管道内的流量(m^3/s)；

　　　　v——管内允许流速(m/s)，如表 7-10 所示。

表 7-10　允许流速推荐值

管　道	泵吸油管道	压 油 管 道	回油管道
推荐流速/(m/s)	0.5~1.5	3~6 压力高、管道短、黏度小时取大值	1.5~2.6

计算出内径 d 后，按标准系列选取相应的管子(参表 7-11)。

（2）管道壁厚的计算。

$$\delta = \frac{pd}{2[\sigma]}$$

式中　p——管道内最高工作压力(MPa)；

　　　　d——管道内径(m)；

　　　　$[\sigma]$——管道材料的许用应力(MPa)，$[\sigma] = \sigma_b/n$；

　　　　式 $[\sigma] = \dfrac{\sigma_b}{n}$ 中，σ_b 为管道材料的抗拉强度(MPa)，n 为安全系数，对钢管来说，$p < 7\ MPa$ 时，$n=8$，$p < 17.5\ MPa$ 时，$n=6$，$p \geq 17.5\ MPa$ 时，$n=4$。

表 7-11　管道公称通径、外径、壁厚、连接螺纹及推荐流量表

公 称 通 径		钢管外径	管接头连接螺纹	公称压力/MPa					推荐管道通过流量/(L/min)
				≤2.5	≤8	≤16	≤25	≤31.5	
/mm	/in	/mm	/mm	管道壁厚/mm					
3	—	6	—	1	1	1	1	1.4	0.63
4	—	8	—	1	1	1	1	1.4	2.5
5,6	1/8	10	M10×1	1	1	1	1.6	1.6	6.3
8	1/4	14	M14×1.5	1	1	1.6	2	2	25

公称通径		钢管外径 /mm	管接头连接螺纹 /mm	公称压力/MPa					推荐管道通过流量 /(L/min)
				≤2.5	≤8	≤16	≤25	≤31.5	
/mm	/in			管道壁厚/mm					
10,12	3/8	18	M18×1.5	1	1.6	1.6	2	2.5	40
15	1.2	22	M22×1.5	1.6	1.6	2	2.5	3	63
20	3/4	28	M27×2	1.6	2	2.5	3.5	4	100
25	1	34	M33×2	2	2	3	4.5	5	160
32	1¹/4	42	M42×2	2	2.5	4	5	6	250
40	1¹/2	50	M48×2	2.5	3	4.5	5.5	7	400
50	2	63	M60×2	3	3.5	5	6.5	8.5	630
65	2¹/2	75	—	3.5	4	6	8	10	1000
80	3	90	—	4	5	7	10	12	1250
100	4	120	—	5	6	8.5	—	—	2500

注:压力管道推荐用 10 号、15 号冷拔无缝钢管;对卡套式管接头用管,采用高精度冷拔钢管;焊接式接头用管,采用普通级精度的钢管。

5. 油箱容量的确定

初始设计时,先按下式确定油箱的容量,待系统确定后,再按散热的要求进行校核。

油箱容量的经验公式为

$$V = a \times q_p$$

式中 q_p——液压泵每分钟排出压力油的容积(m^3);

a——经验系数,其取值如表 7-12 所示。

表 7-12 经验系数

系统类型	行走机械	低压系统	中压系统	锻压机械	冶金机械
a	1~2	2~4	5~7	6~12	10

最后按液压泵站的油箱公称容量系列(JB/T 7938—2010)选取,如表 7-13 所示。

表 7-13 油箱公称容量 JB/T 7938—2010(L)

				1 250
	16		160	1 600
				2 000
2.5	25		250	2 500
			315	3 150
4.0	40		400	4 000
			500	5 000
6.3	63		630	6 300
			800	8 000
10	100		1 000	10 000

油箱公称容积大于本系列 10 000 L 时,应按 GB/T 321 中 R10 数系选择。

在确定油箱尺寸时,要满足系统供油的要求,还要保证执行元件全部排油时,油箱不能溢出,以及当系统中最大可能充满油时,油箱的油位不低于最低限度。

七、液压系统性能验算

液压系统的初步设计是在某些估计参数情况下进行的,当各回路形式、液压元件及连接管路等完全确定后,应针对实际情况对所设计的系统进行各项性能分析。对一般液压传动系统来说,主要是进一步确切地计算液压回路各段压力损失、容积损失、系统效率、压力冲击和发热温升等。根据分析计算发现问题,对某些不合理的设计要进行重新调整,或采取其他必要的措施。

1. 液压系统压力损失

压力损失包括管路的沿程损失 Δp_1、管路的局部压力损失 Δp_2、阀类元件的局部损失为 Δp_3,设总的压力损失为 Δp,则

$$\Delta p = \Delta p_1 + \Delta p_2 + \Delta p_3$$

$$\Delta p_1 = \lambda \cdot \frac{l}{d} \cdot \frac{v^2}{2} \cdot \rho$$

$$\Delta p_2 = \zeta \cdot \frac{v^2}{2} \cdot \rho$$

式中　l——管道的长度(m);

$\quad\quad d$——管道内径(m);

$\quad\quad v$——液流平均速度(m/s);

$\quad\quad \rho$——液压油密度($\mathrm{kg/m^3}$);

$\quad\quad \lambda$——沿程阻力系数;

$\quad\quad \zeta$—局部阻力系数。

λ、ζ 的具体值可参考流体力学有关内容。

$$\Delta p_3 = \Delta p_n \cdot \left(\frac{q}{q_n}\right)^2$$

式中　q_n——阀的额定流量($\mathrm{m^3/s}$);

$\quad\quad q$——通过阀的实际流量($\mathrm{m^3/s}$);

$\quad\quad \Delta p_n$——阀的额定压力损失(Pa),可从产品样本中查到。

对泵到执行元件间的压力损失,如果计算出的 Δp 比选泵时估计的管路损失大得多时,应该重新调整泵及其他有关元件的规格尺寸等参数。

系统的调整压力为

$$p_T \geqslant p_{1T} + \Delta p$$

式中　p_{1T}——液压泵的工作压力或支路的调整压力。

2. 液压系统的发热温升计算

1) 计算液压系统的发热功率

在液压系统工作时,除执行元件驱动外载荷输出有效功率外,其余功率损失全部转化为热量,使油温升高。液压系统的功率损失主要有以下几种形式。

(1) 液压泵的功率损失。

$$P_{h1} = \frac{1}{T_t} \sum_{i=1}^{z} P_{ri}(1 - \eta_i) t_i$$

式中　T_t——工作循环周期(s);

　　　　z——投入工作液压泵的台数;

　　　　P_{ri}——液压泵的输入功率(W);

　　　　η_i——各台液压泵的总效率;

　　　　t_i——第 i 台泵工作时间(s)。

　(2)液压执行元件的功率损失。

$$P_{h2} = \frac{1}{T_t} \sum_{j=1}^{m} P_{rj}(1 - \eta_j)t_j$$

式中　m——液压执行元件的数量;

　　　　P_{rj}——液压执行元件的输入功率(W);

　　　　η_j——液压执行元件的效率;

　　　　t_j——第 j 个执行元件工作时间(s)。

　(3)溢流阀的功率损失。

$$P_{h3} = p_y q_y$$

式中　p_y——溢流阀的调整压力(MPa);

　　　　q_y——经溢流阀流回油箱的流量(m^3/s)。

　(4)油液流经阀或管路的功率损失。

$$P_{h4} = \Delta p \cdot q$$

式中　Δp——通过阀或管路的压力损失(MPa);

　　　　q——通过阀或管路的流量(m^3/s)。

　由以上各种损失构成了整个系统的功率损失,即液压系统的发热功率

$$P_{hr} = P_{h1} + P_{h2} + P_{h3} + P_{h4}$$

　上式适用于回路比较简单的液压系统。对复杂系统,由于功率损失的环节太多,一一计算较麻烦,通常用下式计算液压系统的发热功率:

$$P_{hr} = P_r - P_c$$

式中　P_r——液压系统的总输入功率;

　　　　P_c——输出的有效功率。

$$P_r = \frac{1}{T_t} \sum_{i=1}^{z} \frac{p_i q_i t_i}{\eta_i}$$

$$P_c = \frac{1}{T_t} \left(\sum_{i=1}^{n} F_{w_i} S_i + \sum_{j=1}^{m} T_{w_j} W_j t_j \right)$$

式中　T_t——工作周期(s);

　　　　z、n、m——分别为液压泵、液压缸、液压马达的数量;

　　　　p_i、q_i、η_i——第 i 台泵的实际输出压力、流量、效率(p_i、q_i 的单位为 N、m^3/s);

　　　　t_i——第 i 台泵工作时间(s);

　　　　T_{w_j}、W_j、t_j——第 j 台液压马达的外载力矩、转速、工作时间(N·m、rad/s、s);

　　　　F_{w_i}、S_i——液压缸外负荷及驱动此负荷的行程(N、m)。

　2)计算液压系统的散热功率

　液压系统的散热渠道主要是油箱表面,但如果系统外接管路较长,而且计算发热功率时,也应考虑管路表面散热。

$$P_{hc} = (K_1 A_1 + K_2 A_2) \Delta T$$

式中　K_1——油箱散热系数,其取值参表 7-14;

　　　K_2——管路散热系数,其取值参表 7-15;

　　　A_1、A_2——分别为油箱、管道的散热面积(m^2);

　　　ΔT——油温与环境温度之差(℃)。

表 7-14　油箱散热系数 K_1/(W/($m^2 \cdot$ ℃))

冷 却 条 件	K_1
通风条件很差	8～9
通风条件良好	15～17
用风扇冷却	23
循环水强制冷却	110～170

表 7-15　管道散热系数 K_2/(W/($m^2 \cdot$ ℃))

风速/m·s^{-1}	管道外径/m		
	0.01	0.05	0.1
0	8	6	5
1	25	14	10
5	69	40	23

若系统达到热平衡,则 $P_{hr} = P_{hc}$,油温不再升高,此时,最大温差为

$$\Delta T = \frac{P_{hr}}{(K_1 A_1 + K_2 A_2)}$$

若设环境温度为 T_0,则油温 $T = T_0 + \Delta T$。如果计算出的油温超过该液压设备允许的最高油温(各种机械允许油温如表 7-16 所示),就要设法增大散热面积,如果油箱的散热面积不能加大,或加大一些也无济于事时,需要装设冷却器。冷却器的散热面积为

$$A = \frac{(P_{hr} - P_{hc})}{K \Delta t_m}$$

式中　K——冷却器的散热系数;

　　　Δt_m——平均温升(℃)。

　　　Δt_m 的计算公式为

$$\Delta t_m = \frac{(T_1 - T_2)}{2} - \frac{(t_1 - t_2)}{2}$$

表 7-16　各种机械允许油温(℃)

液压设备类型	正常工作温度	最高允许温度
数控机床	30～50	55～70
一般机床	30～55	55～70
机车车辆	40～60	70～80
船舶	30～60	80～90
冶金机械、液压机	40～70	60～90
工程机械、矿山机械	50～80	70～90

$T_1 - T_2$——液压油入口和出口温差；

$t_1 - t_2$——冷却水或风的入口和出口温差。

3）根据散热要求计算油箱容量

最大温差 ΔT 是在初步确定油箱容积的情况下用以验算其散热面积是否满足要求的。当系统的发热量求出之后，可根据散热的要求确定油箱的容量。

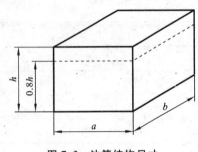

图 7-3　油箱结构尺寸

由 ΔT 公式可得油箱的散热面积为

$$A_1 = \frac{\left(\dfrac{P_{hr}}{\Delta T} - K_2 A_2\right)}{K_1}$$

如不考虑管路的散热，上式可简化为

$$A_1 = \frac{P_{hr}}{(\Delta T K_1)}$$

油箱主要设计参数如图 7-3 所示。一般油面的高度为油箱高 h 的 0.8 倍，与油直接接触的表面算全散热面，与油不直接接触的表面算半散热面，图示油箱的有效容积和散热面积分别为

$$V = 0.8abh$$
$$A_1 = 1.8h(a+b) + 1.5ab$$

若 A_1 求出，再根据结构要求确定 a、b、h 的比例关系，即可确定油箱的主要结构尺寸。

若按散热要求求出的油箱容积过大，远超出用油量的需要，且又受空间尺寸的限制时，则应适当缩小油箱尺寸，增设其他散热措施。

3. 计算液压系统冲击压力

压力冲击是由于管道液流速度急剧改变而形成的。例如液压执行元件在高速运动中突然停止、换向阀的迅速开启和关闭，都会产生高于静态值的冲击压力。它不仅伴随产生振动和噪声，而且会因过高的冲击压力而使管路、液压元件遭到破坏。对系统影响较大的压力冲击常为以下两种形式。

（1）当迅速打开或关闭液流通路时，在系统中产生的冲击压力。

直接冲击（即 $t < \tau$）时，管道内压力增大值为

$$\Delta p = a_c \rho \Delta v$$

间接冲击（即 $t > \tau$）时，管道内压力增大值为

$$\Delta p = a_c \rho \Delta v \frac{\tau}{t}$$

式中　ρ——液体密度（kg/m^3）；

　　　Δv——关闭或开启液流通道前后管道内流速之差（m/s）；

　　　t——关闭或打开液流通道的时间（s）；

　　　τ——$\tau = 2l/a_c$，管道长度为 l 时，冲击波往返所需的时间（s）；

　　　a_c——管道内液流中冲击波的传播速度（m/s）。

若不考虑黏性和管径变化的影响，冲击波在管内的传播速度为

$$a_c = \frac{\sqrt{\dfrac{E_0}{\rho}}}{\sqrt{1 + \dfrac{E_0 d}{E\delta}}}$$

式中　E_0——液压油的体积弹性模量(MPa),其推荐值为 $E_0 = 700$ MPa;

　　　δ、d——管道的壁厚和内径(m);

　　　E——管道材料的弹性模量(Pa),常用管道材料弹性模量:钢 $E = 2.1 \times 10^{11}$ Pa,紫铜 $E = 1.18 \times 10^{11}$ Pa。

(2) 急剧改变液压缸运动速度时,由于液体及运动机构的惯性作用而引起的压力冲击,其压力的增大值为

$$\Delta p = \left(\sum l_i \rho \frac{A}{A_i} + \frac{M}{A} \right) \frac{\Delta v}{t}$$

式中　l_i——液流第 i 段管道的长度(m);

　　　A_i——第 i 段管道的截面积(m²);

　　　A——液压缸活塞面积(m²);

　　　M——与活塞连动的运动部件质量(kg);

　　　Δv——液压缸的速度变化量(m/s);

　　　t——液压缸速度变化 Δv 所需时间(s)。

计算出冲击压力后,此压力与管道的静态压力之和即为此时管道的实际压力。实际压力若比初始设计压力大得多时,要重新校核一下相应部位管道的强度及阀件的承压能力,如不满足,要重新调整。

八、设计液压装置,编制技术文件

1. 液压装置的总体布局

液压系统总体布局有集中式、分散式两种形式。

集中式结构是将整个设备液压系统的油源、控制阀部分独立设置于主机之外或安装在地下,组成液压站的一种布局形式。如冷轧机、锻压机、电弧炉等有强烈热源和烟尘污染的冶金设备,一般都是采用集中供油方式。

分散式结构是把液压系统中液压泵、控制调节装置分别安装在设备上适当的地方的一种布局形式。机床、工程机械等可移动式设备一般都采用这种结构。

2. 液压阀的配置形式

1) 板式配置

板式配置是把板式液压元件用螺钉固定在平板上,板上钻有与阀口对应的孔,通过管接头连接油管而将各阀按系统图接通。这种配置可根据需要灵活改变回路形式。液压实验台等普遍采用这种配置。

2) 集成式配置

目前,液压系统大多数都采用集成式配置。它是将液压阀件安装在集成块上,集成块一方面起安装底板作用,另一方面起内部油路作用的一种配置。这种配置结构紧凑、安装方便。

3. 集成块设计

1) 块体结构

集成块的材料一般为铸铁或锻钢,低压固定设备可用铸铁,高压强振场合要用锻钢。块体加工成正方体或长方体。

对较简单的液压系统,其阀件较少,可安装在同一个集成块上。如果液压系统复杂、控制阀

较多，就要采取多个集成块叠积的形式。

相互叠积的集成块，上下面一般为叠积接合面，钻有公共压力油孔 P、公用回油孔 T、泄漏油孔 L 和 4 个用以叠积紧固的螺栓孔。

（1）P 孔。液压泵输出的压力油经调压后进入公用压力油孔 P，作为供给各单元回路压力油的公用油源。

（2）T 孔。各单元回路的回油均通到公用回油孔 T，流回到油箱。

（3）L 孔。各液压阀的泄漏油，统一通过公用泄漏油孔流回油箱。

集成块的其余 4 个表面，一般后面接通液压执行元件的油管，另 3 个面用以安装液压阀。块体内部按系统图的要求，钻有沟通各阀的孔道。

2）集成块结构尺寸的确定

集成块外形尺寸要满足阀件的安装、孔道布置及其他工艺要求。为减少工艺孔、缩短孔道长度，阀的安装位置要仔细考虑，使相通油孔尽量在同一水平面或是同一竖直面上。对需要多个集成块叠积的复杂液压系统时，一定要保证 3 个公用油孔的坐标相同，使之叠积起来后形成3 个主通道。

各通油孔的内径要满足允许流速的要求。一般来说，与阀直接相通的孔径应等于所装阀的油孔通径。

油孔之间的壁厚 δ 不能太小，一方面防止使用过程中，由于油的压力而击穿，另一方面避免加工时，因油孔的偏斜而误通。对中低压系统，δ 不得小于 5 mm；高压系统的 δ 应更大些。

4. 绘制正式工作图，编写技术文件

液压系统完全确定后，要正规地绘出液压系统图。除用元件图形符号表示的原理图外，还包括动作循环表和元件的规格型号表。图中各元件一般按系统停止位置表示，如特殊需要，也可以按某时刻运动状态画出，但要加以说明。

装配图包括泵站装配图、管路布置图、操纵机构装配图、电气系统图等。

技术文件包括设计任务书、设计说明书和设备的使用、维护说明书等。

7.2 液压系统设计实例

试设计制造一台立式板料折弯机，其滑块（压头）的上下运动都采用液压传动，要求通过电液控制实现的工作循环为：快速下降—慢速加载—快速回程（上升）。最大折弯力 $F_{max}=10^6$ N，滑块重力 $G=15\,000$ N；快速下降的速度 $v_1=23$ mm/s，慢速加压（折弯）的速度 $v_2=12$ mm/s，快速上升的速度 $v_3=53$ mm/s；快速下降行程 $L_1=180$ mm，慢速加压（折弯）的行程 $L_2=20$ mm，快速上升的回行程 $L_3=200$ mm；启动、制动时间 $\Delta t=0.2$ s。要求用液压方式平衡滑块重量，以防自重下滑，滑块导轨摩擦力可忽略不计。

一、计算、分析负载和运动

折弯机滑块作上下直线往复运动，且行程较小（只有 200 mm），故可选单杆液压缸，取缸的

机械效率 $\eta_{cm}=0.91$。

根据已知参数,各工况持续时间近似计算结果如表 7-17 所示。

表 7-17　液压缸外负载力分析计算结果

工 况		计 算 公 式	外负荷/N	说　明
快进	启动	$F_{i1}=\dfrac{G}{g}\times\dfrac{\Delta v_1}{\Delta t}$	176	(1) $F_{i1}=\dfrac{G}{g}\times\dfrac{\Delta v_1}{\Delta t}=\dfrac{15\ 000}{9.81}\times\dfrac{0.023}{0.2}=176$ N,$\dfrac{\Delta v_1}{\Delta t}$ 为下行平均加速度 0.115 m/s²。
	等速	—	0	(2) 由于忽略滑块导轨摩擦力,故快速下降等速时外负荷为 0。
工进	加载一	$F_{e1}=F_{max}\times 5\%$	50 000	(3) 折弯时压头上的工作负载可分为两个阶段:初压阶段,负载力缓慢的线性增加,约达到最大弯力的 5%,其行程为 15 mm;终压阶段,负载力急剧增加到最大弯力,上升规律近似于线性,行程为 5 mm。
	加载二	$F_{e2}=F_{max}$	1 000 000	
快退	启动	$F_{i2}+G=\dfrac{G}{g}\times\dfrac{\Delta v_2}{\Delta t}+G$	15 405	
	匀速	$F=G$	15 000	(4) $F_{i2}=\dfrac{G}{g}\times\dfrac{\Delta v_2}{\Delta t}=\dfrac{15\ 000}{9.81}\times\dfrac{0.053}{0.2}=405$ N,$\dfrac{\Delta v_2}{\Delta t}$ 为回程平均加速度 0.265 m/s²
	制动	$G-F_{i2}=G-\dfrac{G}{g}\times\dfrac{\Delta v_2}{\Delta t}$	14 595	

根据技术要求和已知参数对液压缸各工况外负荷进行计算,结果如表 7-18 所示。

表 7-18　折弯机各工况情况

工况	时间/s	行程/mm	速度/(mm/s)	说　明
启动	0.2	180	23	23 mm/s · 0.2 s
快进	7.826			
工进	初压 1.25	15	12	折弯时分为两个阶段,初压阶段的行程为 15 mm;终压阶段行程为 5 mm
	终压 0.417	5		
快退	3.774	200	53	—

二、绘制工况图

利用以上数据,并在负载和速度过渡段做粗略的线性处理后,便得到如图 7-4 所示的折弯机液压缸负荷循环图和速度循环图。

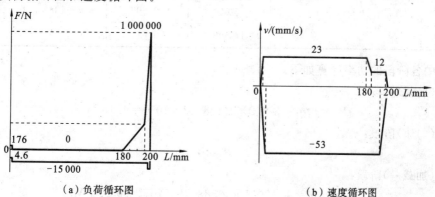

(a) 负荷循环图　　　　　　　(b) 速度循环图

图 7-4　折弯机液压缸负载循环图和速度循环图

三、计算确定液压缸参数

根据本章中的表 7-3,预选液压缸的设计压力 $p_1 = 24$ MPa。将液压缸的无杆腔作为主工作腔,考虑到液压缸下行时,滑块自重采用液压式平衡,则可计算出液压缸无杆腔的有效面积:

$$A_1 = \frac{10^6}{0.91 \times 24 \times 10^6} = 0.046 \text{ m}^2$$

即而求得液压缸内径:

$$D = \sqrt{\frac{4A_1}{\pi}} = \sqrt{\frac{4 \times 0.046}{\pi}} = 0.242 \text{ m} = 242 \text{ mm}$$

按 GB/T 2348—1993,取标准值 $D = 250$ mm $= 25$ cm。

根据快速下行和快速上升的速度比确定活塞杆直径 d:

$$\frac{V_3}{V_1} = \frac{D^2}{D^2 - d^2} = \frac{53}{23} = 2.3$$

$$d = 0.751D = 0.751 \times 250 = 187.75 \text{ mm}$$

取标准值 $d = 180$ mm。

最后求得液压缸的实际有效面积为

$$A_1 = \frac{\pi}{4} D^2 = \frac{\pi}{4} \times 25^2 = 490.625 \text{ cm}^2$$

$$A_2 = \frac{\pi}{4}(D^2 - d^2) = \frac{\pi}{4}(25^2 - 18^2) = 236.285 \text{ cm}^2$$

液压缸在工作循环中各阶段的压力和流量计算如表 7-19 所示。

表 7-19　液压缸工作循环中各阶段的压力和流量

工　　况		计　算　公　式	负荷 F/N	工作腔压力 P /MPa	输入流量 q /(L/min)	输入功率 P /W
快速	启动	$p_1 = \dfrac{F}{A_1 \eta_{cm}}$; $q = A_1 v_1$	176	0.039 42	67	4.45
	匀速		0	0		0
工进	加载一	$p = \dfrac{F}{A_1 \eta_{cm}}$; $q = A_1 v_2$	5×10^4	1.12	35.325	659.4
	加载二		10^6	22.4	$35.325 \to 0$	3 467
快退	启动	$P = \dfrac{F}{A_2 \eta_m}$; $q = A_2 v_3$	15 405	0.71	75.138	889
	匀速		15 000	0.69		864
	制动		14 595	0.67		839

循环中各阶段的功率计算如下。(可略)

快进(启动)阶段:

$$P_1 = p_1 q_1 = 3\ 942 \times 1\ 128.43 \times 10^{-6} = 4.45 \text{ W}$$

快进(匀速)阶段:

$$P_1' = 0$$

工进(加载一)阶段:

$$P_2 = p_2 q_2 = 1.12 \times 10^6 \times 588.75 \times 10^{-6} = 659.4 \text{ W}$$

工进(加载二)在行程只有 5 mm,持续时间仅 $t_3 = 0.417$ s,压力和流量的变化情况较复杂,为此做如下处理。

压力由 1.12 MPa 增至 22.4 MPa,其变化规律可近似用一线性函数 $p(t)$ 表示,即

$$p(t)=1.12+\frac{22.4-1.12}{0.417}t=1.12+51.03t$$

流量由 588.75 cm³/s 减小为零,其变化规律可近似用一线性函数 $q(t)$ 表示,即

$$q(t)=588.75\left(1-\frac{t}{0.417}\right)$$

上两式中,t 为终压阶段持续时间,取值范围为 0~0.417 s。从而得此阶段功率方程:

$$P=p(t)\cdot q(t)=588.75(1.12+51.03t)\left(1-\frac{t}{0.417}\right)$$

这是一个开口向下的抛物线方程,令 $\frac{\partial P}{\partial t}=0$,可求得极值点 $t=0.197$ s 及此处的最大功率值:

$$p_3=p_{max}=588.75(1.12+51.03\times0.197)\left(1-\frac{0.197}{0.417}\right)=346\ 663\ \text{W}=3.467\ \text{kW}$$

而 $t=0.197$ s 处的压力和流量为

$$P=1.12+51.03\times0.197=11.17\ \text{MPa}$$

$$q=588.75\left(1-\frac{0.197}{0.417}\right)=310.61\ \text{cm}^3/\text{s}=18.64\ \text{L/min}$$

快速度回程阶段:

启动时,

$$P_4=p_4q_4=0.71\times10^6\times1252.3\times10^{-6}=889\ \text{W}=0.889\ \text{kW}$$

恒速时,

$$P_5=p_5q_5=0.69\times10^6\times1252.3\times10^{-6}=864\ \text{W}=0.864\ \text{kW}$$

制动时,

$$P_6=p_6q_6=0.67\times10^6\times1252.3\times10^{-6}=839.04\ \text{W}=0.839\ \text{kW}$$

根据以上分析与计算数据,可绘出液压缸的工况图(压力、流量、功率曲线)。

四、绘制拟订的液压系统图

考虑到折弯机工作时所需功率较大,故采用容积调速方式。

为满足速度的有级变化,采用压力补偿变量液压泵供油,即在快速下降时,液压泵以全流量供油,当转换成慢速加压折弯时,泵的流量减小,在最后 5 mm 内,使泵流量减到零。当液压缸反向回程时,泵的恢复到全流量。

液压缸的运动方向采用三位四通 M 型电液换向阀控制,停机时换向阀处于中位,使液压泵卸荷。

为防止压头在下降过程中由于自重而出现速度失控现象,在液压缸无杆腔回油路上设置一个内控单向顺序阀。

本机采用行程控制,利用行程开关来切换电液换向阀,以实现自动循环。

故拟订的折弯机液压系统原理图如图 7-5 所示。

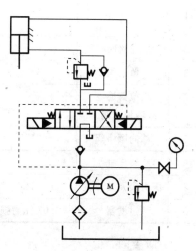

图 7-5 折弯机液压系统原理图

五、选择液压元辅件、电动机

由液压缸的工况图,可以看到液压缸的最高工作压力出现在加压折弯阶段结束时,$p_1 = 22.4$ MPa。此时缸的输入流量极小,且进油路元件较小,故泵至缸的进油路压力损失估取为 $\Delta p = 0.5$ MPa。所以得泵的最高工作压力 $p_p = 22.4 + 0.5 = 22.9$ MPa。

1) 液压泵

液压泵的最大供油流量 q_p 按液压缸的最大输入流量(75.138 L/min)进行估算。取泄漏系数 $K = 1.1$,则 $q_p = 1.1 \times 75.138$ L/min $= 82.65$ L/min。

根据以上计算结果查阅手册或产品样本,选用规格相近的选取 63YCY14-1B 压力补偿变量型斜盘式轴向柱塞泵,其额定压力为 32 MPa,排量为 63 mL/r,额定转速 1 500 r/min。

由工况图 7-4 知,最大功率出现在终压阶段 $t = 0.197$ s 时,可算得此时液压泵的最大理论功率为

$$P_t = (p + \Delta p)(Kq) = (11.17 + 0.5)(1.1 \times 341.67) = 38\ 833 \text{ W} = 3.833 \text{ kW}$$

2) 电动机

取泵的总效率为 $\eta_p = 0.85$,则液压泵的实际功率即所需电机功率为

$$p_p = \frac{p_t}{\eta_p} = \frac{3.833}{0.85} \text{ kW} = 4.51 \text{ kW}$$

查有关手册,选用规格相近的 Y132S-4 型封闭式三相异步电动机,其额定功率 5.5 kW,额定转速为 1 440 r/min。

按所选电动机转速和液压泵的排量,液压泵的最大理论流量为 $q_t = nV = 1\ 440 \times 63 = 90.72$ L/min,此值大于计算所需流量 82.65 L/min,满足使用要求。

3) 液压阀

根据所选择的液压泵规格及系统工作情况,容易选择系统的其他液压元件,一并列入表 7-20。其他元件的选择及液压系统性能计算此处从略。

表 7-20   折弯机液压系统液压元件型号规格

序号	元件名称	额定压力/MPa	额定流量 L/min	型号规格	说　明
1	变量泵	32	63 mL/r(排量)	63YCY14-1B	额定转速 1 500 r/min,驱动电动机功率 5.5 kW
2	溢流阀	35	250	DB10	通径为 10 mm
3	单向阀	31.5	120	S15P	通径为 15 mm
4	三位四通电液换向阀	28	160	4WEH10G	通径为 10 mm
5	单向顺序阀	31.5	150	DZ10	通径为 10 mm
6	液压缸	/	/	自行设计	/
7	压力表及其开关	16	160	AF3-Ea20B	通径为 20 mm
8	过滤器	<0.02 压力损失	100	XU-100×80-J	通径为 32 mm

4) 油管

各元件间连接管道的规格按液压元件接口处的尺寸决定,液压缸进、出油管则按输入、排出

的最大流量计算。由于液压泵选定之后液压缸在各个工作阶段的进、出流量已与原定数值不同,所以要重新计算,如表 7-21 所示。

表 7-21　液压缸的进、出流量

	快　　进	工　　进	快　　退
输入流量/(L/min)	$q_1 = 67$	$q_1 = 35.325$	$q_1 = q_p = 82.65$
排出流量/(L/min)	$q_2 = (A_2 q_1)/A_1 = 32.267$	$q_2 = (A_2 q_1)/A_1 = 17.013$	$q_2 = (A_1 q_1)/A_2 = 171.62$

由上表可以看出,液压缸在各个工作阶段的实际运速度符合设计要求。

根据表中的数值,按推荐液在压油管的流速 $v = 5$ m/s,所以与液压缸无杆腔相连的油管内径分别为

$$d = 2 \times \sqrt{\frac{q}{\pi v}} = 2 \times \sqrt{\frac{\left(\frac{82.65 \times 10^5}{60}\right)}{\pi \times 5 \times 10^3}} \text{ mm} = 18.73 \text{ mm}$$

$$d = 2 \times \sqrt{\frac{q}{\pi v}} = 2 \times \sqrt{\frac{\left(\frac{171.62 \times 10^5}{60}\right)}{\pi \times 5 \times 10^3}} \text{ mm} = 26.99 \text{ mm}$$

这两根油管都按 GB/T 2351—2005 选用内径 25 mm、外径 32 mm 的冷拔无缝钢管。

5)油箱

油箱容积估算,取经验数据 $\zeta = 11$,故其容积为

$$V = \zeta q_p = 11 \times 82.65 \text{ L} = 909.15 \text{ L}$$

按 JB/T 7938—2010 规定,取最靠近的标准值 $V = 1\ 000$ L。

六、计验算验算液压系统性能(压力、温升)

1. 验算系统压力损失,并确定压力阀的调整值

由于系统的管路布局尚未具体确定,整个系统的压力损失无法全面估算,故只能先估算阀类元件的压力损失,待设计好管路布局图后,再加上管路的沿程损失和局部损失。

1)快进

快进时,进油路上油液通过单向阀的流量是 67 L/min 通过电液换向阀的流量是 67 L/min。因此进油路上的总压降为

$$\sum \Delta p_V = \left[0.2 \times \left(\frac{67}{120}\right)^2 + 0.5 \times \left(\frac{67}{160}\right)^2 \right] \text{MPa} = 0.15 \text{ MPa}$$

此值不大,不会使压力阀开启,故能确保两个泵的流量全部进入液压缸。

回油路上,液压缸有杆腔中的油液通过三位四通换向阀的流量是 32.3 L/min,然后流回油箱,由此便得出有杆腔压力与无杆腔压力之差为

$$\Delta p = 0.5 \times \left(\frac{32.3}{160}\right)^2 = 0.020\ 4 \text{ MPa}$$

2)工进

工进时,油液在进油路上通过电液换向阀的流量是 35.325 L/min,进油路上的总压降为

$$\Delta p_1 = 0.5 \times \left(\frac{35.325}{160}\right)^2 \text{MPa} = 0.024 \text{ MPa}$$

故溢流阀的调压 p_{p1A} 应为

$$p_{p1A} > p_1 + \sum \Delta p_1 = (22.4 + 0.024)\,\text{MPa} = 22.424\,\text{MPa}$$

3）快退

快退时,油液在进油路上通过单向阀、电液换向阀和单向顺序阀的流量为 86.65 L/min。油液在回油路上通过电液换向阀的流量是 171.62 L/min,因此进油路上的总压降为

$$\sum \Delta p_{V1} = \left[0.2 \times \left(\frac{82.65}{120} \right)^2 + 0.5 \times \left(\frac{82.65}{160} \right)^2 + 0.2 \times \left(\frac{82.65}{150} \right)^2 \right]\text{MPa} = 0.289\,\text{MPa}$$

此值较小,所以液压泵驱动电动机的功率是足够的,回油路上的总压降为

$$\sum \Delta p_{V2} = 0.5 \times \left(\frac{171.62}{160} \right)^2 \text{MPa} = 0.575\,\text{MPa}$$

此值较小,不必重算,快退时液压泵的工作压力 p_p 应为

$$p_p = p_1 + \Delta p_{V1} = (0.71 + 0.289)\,\text{MPa} = 0.999\,\text{MPa}$$

溢流阀的调整压力定大于此压力。

2. 验算油温

工进时,液压缸的有效功率为

$$p_e = Fv = 5 \times 10^4 \times 12 \times 10^{-3}\,\text{W} = 600\,\text{W}$$

液压缸的总输入功率为

$$p_p = \frac{p_2}{\eta_p} = \frac{695.4}{0.85}\,\text{W} = 775.76\,\text{W}$$

液压系统的发热功率为

$$\Delta p = p_p - p_e = (775.76 - 600)\,\text{W} = 176\,\text{W}$$

可算出邮箱的散热面积为

$$A = 6.5\sqrt[3]{V^2} = 6.5 \times \sqrt[3]{(1\,000 \times 10^{-3})^2}\,\text{m}^2 = 6.5\,\text{m}^2$$

查得油箱的散热系数 $K = 9\,\text{W}/(\text{m}^2 \cdot ℃)$ 求出油液温升为

$$\Delta t = \frac{\Delta p}{KA} = \frac{176}{9 \times 6.5}\,℃ = 3.00\,℃$$

此温升值没有超出允许范围,故该液压系统不必设置冷却器。

7.3 了解液压系统设计禁忌实例

一、三级调压回路软管突然破裂

三级调压回路如图 7-6 所示。

1）存在问题

系统运行不久,在正常运转条件下,软管发生破裂。

2）问题分析

首先检查软管,软管的质量不存在问题。回路中溢流阀的调整压力均正常。

经对管路和各液压阀结构、机能的综合分析及检测知道三位四通电磁换向阀 3 的过渡状态如

图 7-7 所示。不难看出,三位四通换向阀 3 在由一个工位向另一个工位切换时,由于液压泵输油口无出路,造成回路的压力瞬间增大,当压力达到一定值时,就会使软管受压力冲击而破裂。

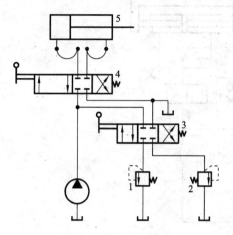

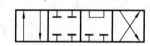

图 7-6 三级调压回路　　　　　图 7-7 三位四通电磁换向阀 3 的过渡状态

1、2—溢流阀;3、4—三位四通电磁换向阀;5—液压缸

3) 解决方法

上述问题不是由液压系统使用、维护不当引起的,而是由设计时考虑不周造成的。改进后的三级调压回路如图 7-8 所示。

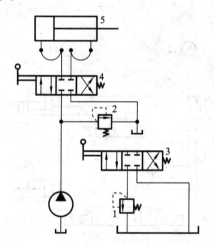

图 7-8 改进后的三级调压回路

1、2—溢流阀;3、4—三位四通电磁换向阀;5—液压缸

滑阀的过渡状态(位置),往往是设计者不注意的问题,因而会出现意想不到的设计失误。此例告诫我们,要做好系统的设计,不但要正确掌握、选用滑阀的机能,而且对阀的过渡状态机能(有些产品样本已标出)也要心中有数,这样才能设计出合理可行的回路,保证系统在各种工况下可靠地工作。

二、40 型成形磨床横向进给液压系统有冲击

进口高精度磨床在使用不久时用国产导轨油,造成加工精度不够。增加元件液控单向阀 1 可以减少因加工精度不够造成的液压系统冲击。40 型成形磨床横向进给液压系统如图 7-9 所示。

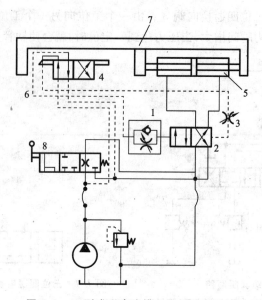

图 7-9   40 型成形磨床横向进给液压系统

1—单向节流阀；2、4、8—换向阀；3—可调节流阀；5—液压缸；6—管道；7—工作台

三、成形机液压系统减压压力不稳定

成形机液压系统如图 7-10 所示。

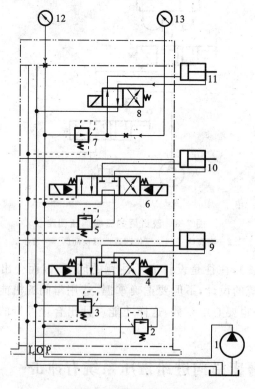

图 7-10   成型机液压系统

1—液压泵；2、3、5—溢流阀；4、6—三位四通电液阀；7—减压阀；8—电磁换向阀；9、10、11—液压缸；12、13—压力表

该机液压系统可能出现的设计禁忌是减压压力不能稳定。

故障原因如下。

(1) 液压缸 7 进油口压力低于液压缸减压阀调定值;

(2) 液压缸 11 负载小;

(3) 液压缸 11 内外泄露大;

(4) 液压缸 7 内污物多。

(5) 液压缸 7 的外泄口有背压,受溢流阀 3、溢流阀 5、三位四通电液阀 4、三位四通电液阀 6 的波动影响大。

可采用单独回油的设计方法避免减压压力不稳定。

第 8 章
液力传动及常见故障排除

◀ 本模块学习内容

　　本章主要介绍液力耦合器、变矩器的组成及工作原理，介绍了液力变矩器常见故障及排除方法。

液力传动工作原理

一、概述

液力传动是以液体为工作介质,在两个或两个以上的叶轮组成的工作腔内,用液体动量矩的变化来传递能量的传动。

液压传动是基于欧拉方程,利用叶轮内动量矩的变化来传递和改变能量的传动。变矩器代替了离合器。其特点是具有自动适应性、提高寿命、低速稳定、无级调速、动力性能好等。效率为 0.85~0.98,结构较复杂、成本较高、附加冷却系统、附加制动器。液压传动适用于内燃机车、施工机械(挖机少用)、各类汽车、飞机牵引车、转动设备、坦克装甲车、船舶驱动等。

液力传动已有上百年的发展历史。

1902 年,德国工程师盖尔曼·费丁格尔在研究船舶内燃机与螺旋桨间的传动,把涡轮和泵轮组合在一起,二者之间没有机械连接而只是通过液流循环来相互作用。盖尔曼·费丁格尔先后发明了液力变矩器和液力耦合器,这种"软"连接方式的传动系统称作液力传动。

液力传动有液力耦合器和液力变矩器两种主要类型。

1926 年,别克小轿车开始使用液力机械传动的变矩器。变矩器的国外主要生产厂家有美国通用汽车公司、日本小松公司、德国 ZF 公司等。

我国应用液力传动装置始于 20 世纪 50 年代,当时成功地研制了"红旗"高级轿车液力自动变速器。同时,在"东风号"内燃机机车上应用液力传动系统。在 20 世纪 70 年代,我国已将液力传动应用于一系列的重型矿用汽车上,如 SH380 型 32 t 矿用自卸车、CA390 型 60 t 矿用自卸车等,又逐步应用到装载机、推土机、挖掘机等建筑机械上。

20 世纪 70 年代末期,天津工程机械研究所自行设计和制造了适用于建筑、工程机械的 YJ 系列变矩器,并通过了技术鉴定。

蚌埠液力机械有限公司在 20 世纪 80 年代从日本引进了冲焊变矩器生产技术。

大连液力机械总厂曾研制了城市公共汽车用 GYB-100 型液力机械变速器。

浙江临海机械厂与马鞍山矿山设计院曾于 1991 年联合研制了 YJ470 液力变矩器。

由西安航天发动机厂核心单位所成立的陕西航天动力高科技股份公司早在 20 世纪 90 年代初就投资兴建了一条冲焊变矩器生产线,是国内拥有独立知识产权的钣金冲焊型轿车液力变矩器的制造商,为工程机械配套的钣金冲焊型液力变矩器在国内市场占有率为 45% 左右。

1998 年,上海离合器总厂引进别克轿车技术,引进一条为液力自动变速器配套的冲压焊接型液力变矩器生产线,年生产能力为 12 万台。因受别克轿车产量限制,目前远没有达到设计生产能力。

2010 年从事液力元件生产的主要厂家有 70 多个,主要产品按 ISO 9001 质量认证体系的管理模式生产,如限矩型液力耦合器(YOX 系列)、调速型液力耦合器(YOT 系列、GST、GWT 系列等)、液力耦合器传动装置、液力变矩器(YJ 系列)、冲焊型液力变矩器(YJH 系列)、液力变矩器传动装置(YJB 系列)。其中,液力变矩器年产约 3 万余台,主要为工程机械配套,如山推股份有限公司液力变矩器厂为各种工程机械(推土机、装载机)、石油及港口机械配套的液力变矩器已形成3大系列、20多个品种、10个规格(包括 YJ280 系列、YJSW315、YJ315X 系列、YJ320、YJ355、YJ365、YJ375、YJ380、YJ409 等)。目前,液力耦合器年产约 7 万台,主要为煤矿、冶金、电力、石油、化工、矿山等行业配套。

2002 年 10 月,为打破国外跨国公司的技术封锁与垄断,浙江吉利控股集团研究自动变速器的成果突出。

二、液力耦合器

如图 8-1 所示,液力耦合器是一种结构简单、应用广泛的液力元件,主要由泵轮、涡轮和泵轮壳三部分组成。耦合器能实现主动轴和从动轴间的柔性接合,并且当工作液体与叶轮相互作用时,理论上能将主动轴上的力矩大小不变地传递给从动轴。因此,液力耦合器又称为液力联轴器。

工作时,发动机带动与泵轮刚性连接的主动轴旋转,其转速为 n_B,位于泵轮内的工作液体由于受到泵轮叶片的作用而获得能量,随泵轮一起旋转。离心力迫使液体沿图 8-1(d)中所示箭头方向向泵轮外缘流动,从而把发动机的机械能转变成泵轮内工作液体的动能。

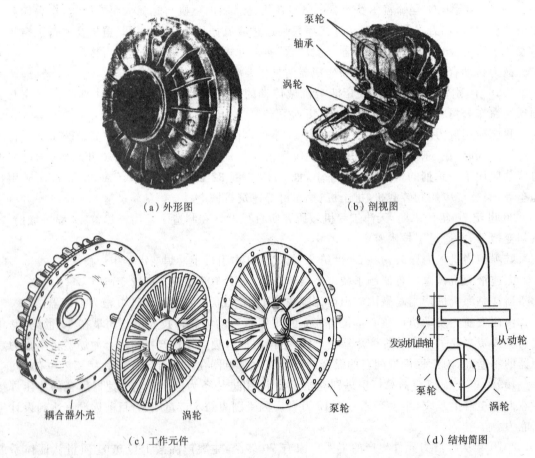

(a)外形图　　　　　　　　　　　(b)剖视图

(c)工作元件　　　　　　　　　　(d)结构简图

图 8-1　液力耦合器

由泵轮流出的液流由泵轮外缘处进入涡轮入口,并冲击涡轮叶片,同时液流被迫沿涡轮叶片间流道流动。这时液流的速度减小,从而液体的能量传递给涡轮,并转变成耦合器从动轴(与涡轮刚性连接)上的机械能,使从动轴以转速 n_W 旋转。当液体对涡轮做功降低能量以后,又重新回到泵轮,吸收能量,如此周而复始不断循环,就实现了能量传递。当涡轮的转速升高到与泵轮的转速相等时,循环流量为零,能量的传递也就终止了。

三、液力变矩器

液力变矩器(简称 TC)是由带叶片的泵轮 B、涡轮 W 和导轮 D 组成,形成一个封闭的液力循环系统。为了保证液力变矩器具有适应工作工况的特殊性能,采用的是弯曲成一定形状的叶片。

液力变矩器是液力传动的基本元件之一,又称液力变扭器。

1. 液力变矩器结构与工作原理

液力变矩器如图 8-2 所示。

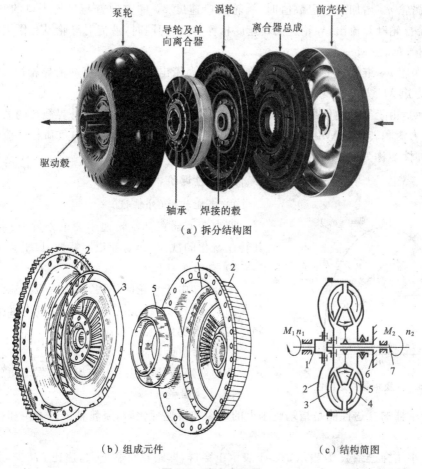

（a）拆分结构图

（b）组成元件　　　　（c）结构简图

图 8-2　液力变矩器

1—发动机曲轴;2—变矩器壳;3—涡轮;4—泵轮;5—导轮;6—导轮固定套管;7—从动轴

液力变矩器工作腔内充满液体。利用工作液体的旋转运动和沿工作轮叶片流道的流动,形成一个复合运动,用来实现能量的传递和转换。当发动机带动泵轮旋转时,通过泵轮对液体的作用,使液流获得能量而加速。高速的液流进入并冲击涡轮叶片,使涡轮旋转,涡轮吸收了液流的能量,通过涡轮轴以力矩的形式向外输出功率。

液体由涡轮流出后,进入导轮,固定的导轮不仅增加工作液体的速度,而且还可改变其流向,使液流重新进入泵轮,从而形成了液力变矩器循环圆内的液流的封闭循环,不断进行能量的转换和传递。

液力变矩器所受的三个外力矩应平衡:

$$M_B + M_w + M_D = 0$$

或

$$-M_w = M_B + M_D$$

式中 M_B——发动机施加在泵轮轴上的力矩(泵轮力矩);

M_w——负荷施加在涡轮轴上的力矩(涡轮力矩,方向与泵轮力矩相反);

M_D——壳体对导轮的支反力矩(导轮力矩,大小等于液体对导轮的作用力矩,方向相反)。

M_w 前面的负号表示与泵轮力矩 M_B 的方向相反。

(1)当涡轮 $n_w = 0$ 或较低转速时,涡轮出口液流以速度 v_w 冲击导轮正面,因此导轮对液流的作用力矩 M_D 与泵轮力矩 M_B 同向,由力矩平衡方程式有 $-M_w > M_B$。

(2)当涡轮 n_w 增加到一定数值时,涡轮出口速度 v_w 的方向就与导轮进口的叶片骨线重合,液流顺着导轮叶片流出,导轮进出口速度相等、方向相同时,液流对导轮没有作用,导轮力矩 $M_D = 0$,此时 $-M_w = M_B$。

(3)若涡轮 n_w 继续增大,从速度三角形得出,涡轮出口速度 v_w 将冲击导轮背面,导轮力矩 M_D 与泵轮力矩 M_B 方向相反,因而 $-M_w < M_B$。

上述表明,由于导轮的作用才使得液力变矩器在工作时,能够根据外界载荷的大小,自动改变其涡轮的力矩和转速($-M_w$ 增加,n_w 降低或 $-M_w$ 减少,n_w 增高)与负荷相适应,并能稳定地工作,这种性能称为变矩器的自动适应性。

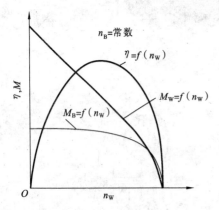

图 8-3 变矩器变矩特性

2. 特性评价

1)变矩特性(外特性)

液力变矩器在泵轮转速不变的条件下,涡轮转矩随其转速变化的规律,即为变矩器特性,如图 8-3 所示。

2)自动适应性能

工作时,由于导轮的作用,液力变矩器能够根据外界负荷的大小,自动改变其涡轮的力矩和转速使之与负荷相适应,并能稳定地工作。

3)负荷特性

液力变矩器能够以一定的规律对发动机施加负荷。

4)穿透性能

液力变矩器的穿透性能是指蜗轮轴上的力矩和转速变化时,泵轮轴上的力矩和转速相应变化的能力。

它的大小用穿透系数 T 表示,$T > 1$ 表示正穿透,即蜗轮负载增大,速比 i 减少,泵轮也负载增大。

5)能容性能

液力变矩器的能容性能是指在不同工况下,液力变矩器泵轮轴吸收功率的能力。

6)经济性

液力变矩器的经济性是指液力变矩器在传递能量过程中的效率。

3. 典型液力变矩器的结构类型

三元件综合式液力变矩器是一种典型的轿车用液力变短器。其结构如图 8-4 所示。

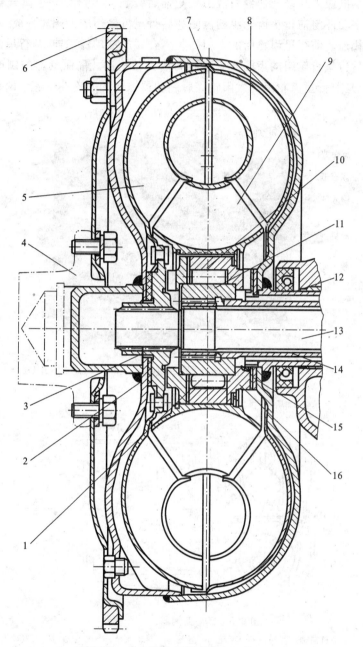

图 8-4　三元件综合式液力变矩器结构

1—滚柱；2—塑料垫片；3—涡轮轮毂；4—曲轴凸缘；5—涡轮；6—启动齿圈；7—变矩器壳；
8—泵轮；9—导轮；10—单向离合器外座圈；11—单向离合器内座圈；12—泵轮轮毂；
13—变矩器输出轴（齿轮变速器第一轴）；14—导轮固定套管；15—推力垫片；16—单向离合器盖

三元件是指其工作轮的数目为 3 个，即泵轮、涡轮和导轮各一个。

四、自动变速器结构原理

如图 8-5 所示的液力自动变速器由液力变矩器、两组行星齿轮、一个离合器和两个制动器组成。离合器的主动件与前行星齿轮组的齿圈和后行星齿轮组的太阳轮连成一体，并用花键与变矩器的输出轴相连。前行星齿轮组的太阳轮与离合器的从动件相连，两行星齿轮组的行星架连成一个整体。后行星齿轮组的齿圈与变速器的输出轴相连。前制动器控制的是离合器的从动件的外鼓，也就是前行星齿轮组的太阳轮。后制动器控制的是连在一起的两行星架。

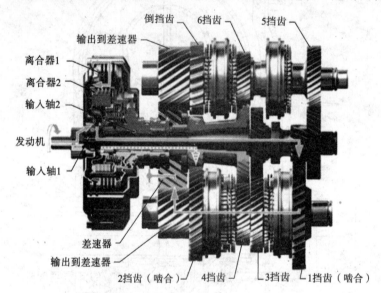

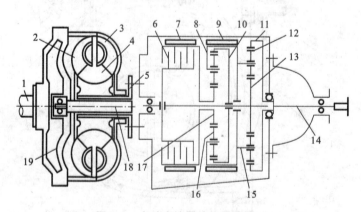

图 8-5 自动变速器结构原理图

1—发动机曲轴；2—涡轮；3—泵轮；4—导轮；5—导轮支承；6—离合器；7—前制动器；
8—前行星架；9—后制动器；10—前齿圈；11—后齿圈；12—后行星齿轮；13—后太阳轮；
14—输出轴；15—后行星架；16—前行星齿轮；17—前太阳轮；18—输入轴；19—飞轮

现代汽车变矩器往往在导轮与固定套管间设置单向离合器以防止发动机"飞车"，并在泵轮与涡轮间设置闭锁离合器等。

1. 液力变矩器

液力变矩器是液力自动变速器的重要部件，它的前端与发动机飞轮相连接，输出端与行星

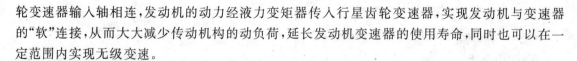

轮变速器输入轴相连,发动机的动力经液力变矩器传入行星齿轮变速器,实现发动机与变速器的"软"连接,从而大大减少传动机构的动负荷,延长发动机变速器的使用寿命,同时也可以在一定范围内实现无级变速。

2. 行星齿轮机构

行星齿轮变速器是液力自动变速器的变速机构,它由行星齿轮排及其必要的操纵元件组成。操纵元件是指行星齿轮变速器中用于改变传动路线(即换挡)的多片摩擦离合器、制动器和单向超越离合器。

3. 换挡执行机构

换挡执行机构是通过分配行星齿轮组各个元件的承担角色(输入、输出、固定)实现换挡操作的。它主要由带式制动器和湿摩擦式离合器组成,制动器实现固定或固连功能。离合器实现输入、输出的切换功能。

4. 换挡控制机构

自动变速器的控制系统主要是液压系统。液压控制系统是液力自动变速器的核心部分,它根据变速杆的位置、节气门的开度及汽车的车速自动控制离合器的分离或结合和制动器的制动或释放,从而实现改变动力路线,自动变换挡位。此外,换挡控制机构还向液力变矩器和润滑油路供油。随着计算机技术的进步,原液压系统承担的控制功能被电子控制代替,但电控装置无法承担传动、润滑和冷却功能。

所以,现代自动变速器的控制机构是由液压和电子两部分组成的。

控制机构的液压系统,因其作用和要求不同,结构差别很大,但其基本组成均包括以下几个部分。

(1)供油系统:主要由油泵和压力调节阀等组成。

(2)控制参数信号接收系统:接收变速杆位置信号、车速信号和节气门开度信号。

(3)自动换挡控制系统:包括选挡阀、换挡控制阀、换挡品质控制阀等元件。

(4)液力变矩器补偿和锁止系统:它由补偿阀、锁止阀和解锁阀等元件组成。

(5)润滑与冷却系统:由冷却阀和润滑控制阀等组成。

电子控制系统是一套单片机系统。其任务是接受发动机负荷、车速等信号,并做出是否需要换挡和换哪一挡的判断,同时发出换挡指令,操纵电磁换向阀,接通或切断控制油路,实现换挡。

5. 挡位图

自动变速器的选挡杆,也称变速杆或选挡手柄。一般布置在驾驶员座椅右侧,或转向盘下方的转向柱上。在选挡杆旁边有一小标牌,用数字和字母标示着挡位图,选挡杆在哪个挡位,即选定了哪个挡位。

(1)"P"表示停车位置。此时变速器的输出轴(即驱动轮)被锁止在壳体上,车辆不能移动,又称驻车制动。所以,装有自动变速器的汽车没有单独的驻车操纵杆。选挡杆在"P"位可以启动发动机。

(2)"R"为倒挡。从其他挡换入倒挡或从倒挡换到其他挡位时,必须是在汽车静止状态下。

(3)"N"为空挡。此时变速器内所有离合器和制动器都是松开的,变速器没有动力输出。选挡杆在"N"位也可以发动发动机。

(4)"D""3"表示 3 挡,或低挡、直接挡、高挡等。汽车行驶时大部分时间使用此挡,变速器可以自动在"1""2""3"挡之间升降挡。

高档的汽车还有用"S"表示的超速挡。

6. 冷却系统

由于液力变矩器在传递动力过程中存在滑差损失从而使油温升高,所以为避免因油温过高而影响变速器的寿命和引起油液老化变质,必须使用冷却系统。油冷却器一般装于发动机前端冷却器的附近,从液力变矩器出来的热油经冷却后再回至油底壳。

五、液力机械传动系统

液力机械中,多采用行星齿轮传动的定轴式多轴变速器,如图 8-6 所示有 3 个前进挡和 1 个倒车挡,R 为输入轴,C 为输出轴,通过液压系统控制空套的摩擦离合器与传动轴是否连接。

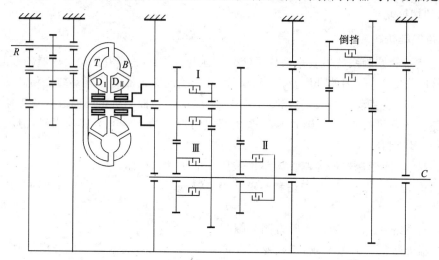

图 8-6　上海 SH390-32T 自卸汽车液力机械传动系统原理图

8.2

液力变矩器常见的故障及排除

液力变矩器常见的故障主要有漏油、零件磨损、油温过高、发出异常响声、供油压力过低及机器行驶速度过低或行驶无力等 6 种。

一、漏油

启动发动机,检查漏油部位。

(1)从变矩器与发动机的连接处漏油,说明泵轮与变矩器后盖连接螺栓松动或密封圈老化,应紧固连接螺栓或更换 O 形密封圈。

(2)从变矩器与输出轴连接处甩油,说明泵轮与泵轮毂连接螺栓松动或密封圈损坏,应紧固螺栓或检查密封圈。

（3）漏油部位在加油口或放油口位置，应检查螺栓连接的松紧度及是否有裂纹等。

二、零件磨损

一般机械设备中约有 90% 的零件因磨损而失效报废。

磨损是一种微观和动态的过程，在这一过程中，零件不仅发生外形和尺寸的变化，而且会发生其他各种物理、化学和机械的变化。零件磨损可采用喷镀修复或更换。

三、油温过高

（1）变速器油位过低。检查油位，若过低，加油至满足要求。

（2）冷却系中水位过低。若水位过低，给水箱加满水。

（3）油管及冷却器堵塞或太脏。此时，拆下检查清洗油管及冷却器。

（4）变矩器在低效率范围内工作时间太长。此时，应保证变矩器在高效区范围内工作。

（5）工作轮的紧固螺钉松动。将松动紧固螺钉予以紧固。

（6）轴承配合松旷或损坏。此时，拆解、修复或更换轴承。

（7）综合式液力变矩器因导轮卡死而闭锁。油温仍高时，应检查导轮工作是否正常。将发动机油门全开，使液力变矩器处于零速工况，待液力变矩器出口油温上升到一定值后，再将液力变矩器换入液力耦合器工况，以观察油温下降程度。若油温下降速度很慢，则可能是由于自由轮卡死而使导轮闭锁，应拆解液力变矩器进行检查。

四、有异常响声

液力变矩器发出异常响声主要是由轴承损坏，工作轮连接松动或与发动机连接松动等原因造成的。应首先检查各连接产部位是否松动，然后检查各轴承，如有松旷应进行调整或更换轴承。

五、供油压力过低

当发动机油门全开时，变矩器进口油压仍小于标准值。

引起原因及排除方法如下。

（1）供油量少，油位低于吸油口平面。检查油位，若油位低，加油至满足要求。

（2）出口压力阀不能关闭或弹簧刚度减小。应检查压力阀进、出口压力阀的工作情况，若压力阀不能关闭，应将其拆下，检查其零件有无裂纹或伤痕，油路和油孔是否畅通，以及弹簧刚度是否变小，发现问题应及时解决。

（3）流到变速器的油过少。检查进油管或滤油网并排除原因。

（4）吸油滤网安装不当进油管或滤油网堵塞。拆下油管或滤网进行检查。

（5）液压泵磨损严重或损坏。检查液压泵，必要时更换液压泵。

（6）油液起泡沫。检查回油管重新安装。

六、机器行驶速度不定期低或行驶无力

引起原因及排除方法如下。

（1）液压油油位太低。检查油位。

（2）液压泵磨损，供油不足。检查修复或更换液压泵。

（3）进、出口压力阀损坏。检查修复或更换压力阀。

（4）液力变矩器内部密封元件损坏，使工作腔液流冲击下降。检查修复或更换密封元件。

（5）自由轮机构卡死，造成导轮闭锁。检查修复或更换自由轮机构。

（6）自由轮磨损失效。检查修复或更换自由轮。

（7）工作轮叶片损坏。检查并排除故障。

（8）变速器的摩擦式主离合器有故障。检查予以排除。

附 录 测 试 题

班级_____姓名_____成绩_____

题号	一	二	三	总分
分数				

一、单项选择题(共25小题,每小题2分,共50分)

1. 液压阀连接方式最常用的是( )。
   A. 板式　　　　　　B. 管式　　　　　　C. 法兰式　　　　　D. 插装式

2. 主变量泵出口处安全阀的调整压力一般大于系统压力的( )。
   A. 5~8%　　　　　B. 10~25%　　　　C. 30%　　　　　D. 60%

3. 把溢流阀出油口接入另一工作油路就成为顺序阀,这话( )。
   A. 错误　　　　　　　　　　　　　　B. 再把泄油口回油箱则正确
   C. 正确　　　　　　　　　　　　　　D. 成为减压阀

4. 对液压油不正确的要求是( )。
   A. 适宜的黏度　　　B. 闪点要低　　　　C. 良好的润滑性　　D. 凝点要低

5. 抗磨液压油的品种代号是( )。
   A. HL　　　　　　　B. HM　　　　　　　C. HV　　　　　　　D. HG

6. cm^2/s 是( )的单位。
   A. 运动黏度　　　　B. 动力黏度　　　　C. 相对黏度　　　　D. 绝对黏度

7. 液压系统中正常工作的最低压力是( )。
   A. 泵额定压力　　　　　　　　　　　B. 溢流阀调定压力
   C. 阀额定压力　　　　　　　　　　　D. 负荷压力

8. 负载无穷大时,则压力决定于( )。
   A. 调压阀调定压力　　　　　　　　　B. 泵的最高压力
   C. 系统中其他薄弱环节　　　　　　　D. 前三者的最小值者

9. 流量换算关系,$1\ m^3/s=$( ) L/min。
   A. 60　　　　　　　B. 600　　　　　　C. 1000　　　　　D. 6×10^4

10. 对压力损失影响最大的是( )。
    A. 阻力系数　　　　B. 管长　　　　　　C. 管径　　　　　　D. 流速

11. 单作用叶片泵能吸压油的主要原因是( )。
    A. 定子是腰圆形　　B. 定子是圆形　　　C. 存在偏心距　　　D. 有配流盘

12. 液压泵是靠密封容积的变化来吸压油的,故称( )。
    A. 离心泵　　　　　B. 转子泵　　　　　C. 容积泵　　　　　D. 真空泵

13. 可使液压缸锁紧、泵卸荷的是( )型阀。
    A. O　　　　　　　　B. H　　　　　　　C. M　　　　　　　D. P

14. 双作用叶片泵( )。

A. 可以变量　　　　B. 压力较低　　　　C. 定子椭圆　　　　D. 噪音高

15. 液压泵的选择首先确定(　　)。

　　A. 价格　　　　　B. 额定流量　　　　C. 生产厂家　　　　D. 类型

16. 调速阀中的节流阀前后压力差(　　)。

　　A. 基本上是常量　　B. 是变化的　　　　C. 与弹簧有关　　　D. 与流量有关

17. 缸筒较长时常采用的液压缸形式是(　　)。

　　A. 柱塞式　　　　B. 活塞式　　　　　C. 摆动式　　　　　D. 无杆式

18. 液压传动的动力元件是(　　)。

　　A. 液压泵　　　　B. 液压马达　　　　C. 电动机　　　　　D. 油箱

19. 一系统阻力 $F_{阻}=31.4\ \mathrm{kN}$,压力 $p=40\times10^5\ \mathrm{Pa}$,则单杆缸活塞直径为(　　)mm。

　　A. 100　　　　　　B. 10　　　　　　　C. 6.4　　　　　　D. 64

20. 气动系统相比液压系统的优点是(　　)。

　　A. 压力高　　　　B. 润滑方便　　　　C. 污染少　　　　　D. 造价高

21. 在液压系统中,油液不起的(　　)作用。

　　A. 润滑元件　　　B. 传递动力　　　　C. 传递运动　　　　D. 升温

22. 顺序运动回路中夹紧缸采用失电夹紧原因是(　　)。

　　A. 得电夹紧危险　　　　　　　　　　B. 节省电源

　　C. 降低阀的寿命　　　　　　　　　　D. 万一停电仍可夹紧

23. 溢流阀不起(　　)作用。

　　A. 调压　　　　　B. 安全　　　　　　C. 稳压　　　　　　D. 减压

24. 工作可靠、调整方便的是(　　)顺序回路。

　　A. 顺序阀　　　　B. 行程阀　　　　　C. 压力继电器　　　D. 行程开关

25. 减压阀不用于(　　)油路。

　　A. 夹紧　　　　　B. 控制　　　　　　C. 主调压　　　　　D. 润滑

二、多项选择题(共 5 小题,每小题 6 分,共 30 分)

26. 附图 1-1 所示液压系统可实现"快进—中速进给—慢速进给—快退—停止"的工作循环,附表 1-1 中动作循环正确是(　　)。

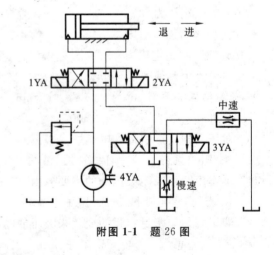

附图 1-1　题 26 图

附表 1-1　题 26 表

动作名称	1YA	2YA	3YA	4YA
A	快进	−	+	+	−
B	中速进给	−	+	+	−
C	慢速进给	−	+	−	+
D	快退	+	−	−	−

注:电磁铁吸合标"+",电磁铁断开标"−"。

27. 附图 1-2 所示液压机械的动作循环为快进、工进、快退、停止。图中有(　　)回路。

　　A. 稳压　　　　　B. 锁紧　　　　　　C. 顺序　　　　　　D. 速度换接

28. 三个溢流阀的调定压力如附图 1-3 所示。泵的供油压力数值可以是(   )MPa。

    A. 2　　　　　　　　B. 4　　　　　　　　C. 8　　　　　　　　D. 0

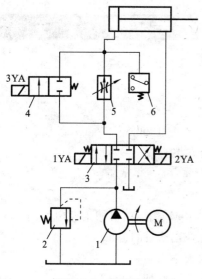

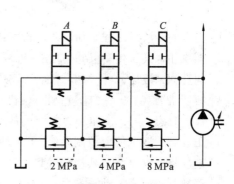

附图 1-2　题 27 图　　　　　　　　　　　附图 1-3　题 28 图

29. 如附图 1-4 所示,液压缸两腔的面积分别为 $A_1 = 100 \ \text{cm}^2$,$A_2 = 50 \ \text{cm}^2$。当负荷 $F_1 = 28 \times 10^3 \ \text{N}$,$F_2 = 9 \times 10^3 \ \text{N}$,背压阀的背压 $p_2 = 0.2 \ \text{MPa}$,节流阀的压差 $\Delta p = 0.2 \ \text{MPa}$ 时,不计其他损失,经计算,(   )MPa 含有图中 A、B、C 三点的压力。

    A. 3　　　　　　　　B. 2.8　　　　　　　C. 0.2　　　　　　　D. 1

30. 附图 1-5 所示液压系统的动作循环为快进—工进—快退。图中有(   )回路。

    A. 减压　　　　　　B. 卸荷　　　　　　C. 差动　　　　　　D. 锁紧

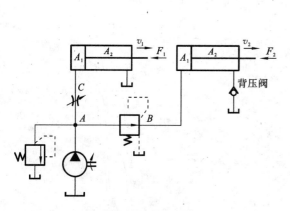

附图 1-4　题 29 图

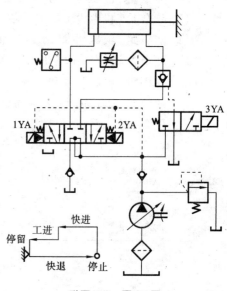

附图 1-5　题 30 图

三、画出附图 1-5 的液压系统图。(共 20 分)

[1] 雷天觉. 液压工程手册[M]. 北京:机械工业出版社,1990.

[2] 郑洪生. 气压传动[M]. 北京:机械工业出版社,1991.

[3] 何存兴. 液压元件[M]. 北京:机械工业出版社,1999.

[4] 村冈虎雄(日). 油缸[M].北京:机械工业出版社,1979.

[5] AH 海恩(美). 流体动力系统的故障诊断及排除[M]. 北京:机械工业出版社,2000.

[6] 王春行. 液压伺服控制系统[M]. 北京:机械工业出版社,1999.

[7] 赵应樾. 液压泵及其修理[M]. 上海:上海交通大学出版社,1999.

[8] 路甬祥. 液压气动技术手册[M]. 北京:机械工业出版社,2002.

[9] 成大先. 液压设计手册[M]. 北京:化学工业出版社,2004.

[10] 张利平. 液压泵原理、使用与维护[M].北京:化学工业出版社,2009.

[11] 刘延俊. 液压系统使用与维修[M]. 北京:化学工业出版社,2006.

[12] 黄志坚.液压故障速排方法、实例与技巧[M].北京:化学工业出版社,2009.

[13] 陈奎生. HYDRAULICS AND PNEUMATICS TRANSMISSION[M].武汉:武汉理工大学出版社,2004.

[14] 陆全龙. 液压与气动[M]. 北京:科学出版社,2005.

[15] 陆全龙. 机电设备故障诊断与维修[M]. 北京:科学出版社,2009.

[16] 陆全龙. 液压技术[M]. 北京:清华大学出版社,2011.

[17] 陆全龙,等. 液压气动技术[M]. 武汉:华中科技大学出版社,2013.

[18] 许小明. 液压与气动习题实验指导[M]. 武汉:华中科技大学出版社,2009.

[19] 陆望龙.液压系统使用与维修手册[M].北京:化学工业出版社,2009.